SYNERGIZING ACTION ON THE ENVIRONMENT AND CLIMATE:
GOOD PRACTICE IN CHINA AND AROUND THE GLOBE

清華大學 Tsinghua University　UN environment programme　CLIMATE & CLEAN AIR COALITION TO REDUCE SHORT-LIVED CLIMATE POLLUTANTS

SYNERGIZING ACTION ON THE ENVIRONMENT AND CLIMATE:
GOOD PRACTICE IN CHINA AND AROUND THE GLOBE

环境与气候协同治理

中国及其他国家的成功实践

何建坤　齐晔　李政　等 编著

东北财经大学出版社 Dongbei University of Finance & Economics Press　大连

图书在版编目（CIP）数据

环境与气候协同治理：中国及其他国家的成功实践 / 何建坤，齐晔，李政等编著. —大连：东北财经大学出版社，2020.10
ISBN 978-7-5654-3822-6

Ⅰ. 环… Ⅱ. ①何… ②齐… ③李… Ⅲ. ①环境综合整治-研究-世界 ②气候变化-治理-研究-世界 Ⅳ. ①X3 ②P467

中国版本图书馆CIP数据核字（2020）第048340号

东北财经大学出版社出版发行
大连市黑石礁尖山街217号 邮政编码 116025
网 址：http：//www.dufep.cn
读者信箱：dufep @ dufe.edu.cn
大连图腾彩色印刷有限公司印刷

幅面尺寸：185mm×260mm 字数：164千字 印张：11.25
2020年10月第1版 2020年10月第1次印刷
责任编辑：李 季 刘 佳 责任校对：刘东威 孟 鑫
封面设计：原 皓 版式设计：原 皓

定价：56.00元

教学支持 售后服务 联系电话：（0411）84710309

如有印装质量问题，请联系营销部：（0411）84710711

致谢

本书的最初构想来自解振华院长（中国气候变化事务特别代表、清华大学气候变化与可持续发展研究院（ICCSD）院长）、海伦娜·莫林·瓦尔德斯女士（气候和清洁空气联盟（CCAC）负责人）以及刘健博士（联合国环境规划署首席科学家）在《联合国气候变化框架公约》缔约方大会第23次会议期间的一次谈话。非常感谢洛克菲勒兄弟基金会慷慨地资助了本书的研究和编写。此外，清华大学气候变化与可持续发展研究院为本书的编写提供了管理和协调支持。

本书基于近年来清华大学多个团队的研究成果，由来自清华大学与气候和清洁空气联盟的团队共同编写而成。其他国家案例研究部分由CCAC负责协调，内容由智利、芬兰、加纳、墨西哥、挪威和英国的多个研究小组提供。

主编

何建坤、齐晔、李政

清华大学编写组

常世彦、董文娟、惠婧璇、刘洋、欧训民、齐晔、宋祺佼、王海林、赵小凡

气候和清洁空气联盟编写组

Nathan Borgford-Parnell，Tiy Chung，Hanxiang Cong

清华大学研究团队

地球系统科学系：张强、罗勇、惠婧璇、同丹、刘洋

能源与动力工程系：麻林巍、田善君

气候变化与可持续发展研究院：何建坤、李政、董文娟

能源环境经济研究所：张希良、滕飞、常世彦、欧训民、王海林、顾阿伦、周剑、侯静

经济与管理学院：曹静、齐伟、刘庆丰

环境学院：贺克斌、王灿、刘欢、丛建辉、张燕妮

公共管理学院：齐晔、宋祺佼、赵小凡、刘天乐、陆健

国家案例研究团队

智利：Carmen Gloria Contreras Fierro（智利环境部）

芬兰：Ville-Veikko Paunu（芬兰环境研究所）、Niko Karvosenoja（芬兰环境研究所）

加纳：Daniel Benefor（加纳环境保护署）、Gyimah Mohammed（加纳环境、科学、技术和创新部）

墨西哥：Graciela B. Raga（墨西哥国立自治大学）、José Abraham Ortínez Alvarez（墨西哥国家生态与气候变化研究所）

挪威：Vigdis Vestreng（挪威环境署）、Maria Malene Kvalevåg（挪威环境署）、Figenschau Skjellum（挪威环境署）

英国：Martin Williams（伦敦国王学院）

技术评审

Abiodun Aderibigbe（尼日利亚可持续环境粮食与农业机构）、Ange-Benjamin Brida（科特迪瓦环境与可持续发展部）、Beba Sanchez（湾区空气质量管理区）、Beatriz Martins Carneiro（联合国环境规划署）、Chelsea Kealey（加拿大环境与气候变化部）、Charlotte Unger（德国高级可持续发展研究所）、Dale M. Evarts（美国环境保护署）、Drew Shindell（杜克大学）、Jack P. Broadbent（湾区空气质量管理区）、Johan C.I. Kuylenstierna（斯德哥尔摩环境研究所）、Josh Miller（国

际清洁运输理事会)、Peter van Velthoven（荷兰皇家气象研究所）

科学编辑

Bart Ullstien (Banson)、Ravi Shankar（《中国日报》）

研究协调

孟朔（清华大学)、张健（清华大学)、Hangxiang Cong（CCAC）

媒体与发布策略

王彬彬（清华大学）

翻译与编辑

释贤恳、付亚男（清华大学)、孙烁（清华大学)、罗诺（清华大学)、赵瀚之（哥伦比亚大学）

特别感谢

气候和清洁空气联盟科学咨询委员会、Johan C.I. Kuylenstierna（斯德哥尔摩环境研究所)、姜克隽（国家发展和改革委员会能源研究所)。此外，项目组还向所有帮助和支持过本书研究和编写的个人和组织致以诚挚的谢意。

序言（1）

全球气候变化危机带来的影响蔓延到世界的每个角落。与此同时，受到严重污染的空气也正威胁着数百万人民的健康生活。无论在城市还是在乡村，我们当中的许多人被迫呼吸着污浊的空气，我们别无选择，只能选择应对这些挑战，这些挑战主要包括：水资源污染和土地污染、生物多样性减少、日益严重的气候变化的影响。这些挑战并非孤立存在着：它们紧密相联，其解决方案也是如此。

作为气候和清洁空气联盟的创始合作伙伴之一，联合国环境规划署曾经帮助引导各国政府采取整体方案，解决相互联系的环境问题。这些方案为社会和生态系统的各个层面都带来了诸多益处：例如，减少短寿命气候污染物（如甲烷、黑碳与氢氟烃）可以迅速为公共卫生、粮食安全、生物多样性、可持续发展和短期气候保护带来巨大的切实利益。同时，降低短寿命气候污染物的浓度也能帮助实现其他的气候和发展目标。

正如本书展示的那样，越来越多的国家开始采用整体方案来解决其环境问题，这些方案可以带来多重效益。处于不同经济发展阶段的国家，包括少数富裕国家在内，尽管其监管和法律体制各不相同，但都在采取相似的解决方案。通过将气候政策与清洁空气政策相结合，这些先行国家不仅可以取得更加全面的成果，还可以避免重复、改进决策，在政策制定者中建立信心。

本书来自中国和世界各地的案例研究展示了环境气候综合评估和协同治理如何帮助政府制定具有成本效益和连贯性的政策，从而降低政策成本，提高成功概率，识别出能获得双赢的解决方案。这些方法提供的多重效益有助于实现财政、技术和人力资源的合理分配。因此，本书的成功案例可以鼓励政治领导人果断而迅速地采取行动应对气候变化。综上所述，这些鼓舞人心的案例构成了一个日益丰富的优秀实践体系，可以用来帮助人类解决共同面临的诸多紧迫的环境问题。

我强烈建议各级治理机构（国际、区域、国家和地方机构）的从业者参考本书中的案例，融会贯通，进而找到适合本土的一套清晰完整的综合环境治理方案。如本书所述，环境治理领域存在诸多的多方共赢的机会，正待你我把握：这是环境气候的“共赢”，这是地球母亲的“共赢”，更是以这个美丽星球为家的所有人的“共赢”。

英格·安德森（Inger Andersen）

联合国环境规划署执行主任

序 言（2）

四年前，中美两国领导人发布《气候变化联合声明》，为达成《巴黎协定》奠定了基础，号召全世界联合起来应对人类面临的重大挑战。今天，联合国秘书长呼吁全世界领导人携起手来，为实现《巴黎协定》确定的目标而众志成城、并肩奋斗。各国实践表明，如果能够将应对气候变化与解决经济、社会发展和环境等国内问题结合起来，就能取得最佳成效。这些实践探索出应对气候变化的新途径——气候变化与其他可持续发展问题，特别是环境挑战的协同治理。

空气污染就是这样的挑战之一。在多数情况下，化石燃料燃烧是导致空气污染的主要原因，也是温室气体排放的源头。因此，减少化石燃料的使用能够同时减少二氧化碳和其他空气污染物的排放，带来气候和环境的协同效应。

与气候变化一样，空气污染也是人类所面临的一个全球性挑战，特别是在发展中国家。世界卫生组织的数据显示，每天有90%的人口呼吸着受污染的空气，每年因空气污染导致约700万人死亡，这意味着世界上每千人中就有一人死于空气污染。中国生态环境部的研究显示，这700万名受害者中可能有50万名来自中国。

基于科学研究，中国政府制定了一系列应对空气污染和气候变化的政策。这些政策旨在通过优化能源结构、发展清洁能源、提高能源效率，最终减少化石燃料的使用。2008—2018年，中国可再生能源发电量增长了两倍，风能和太阳能发电量在这十年中更是快速增长了25倍。目前，30%的电力来自非化石能源发电。从2005年到2018年，中国的碳强度降低了45.8%。在实现减排的同时，中国空气质量也得到显著改善。2013—2017年，京津冀地区空气中的PM2.5浓度降低了约40%。

近年来，中国政府制定了煤炭峰值政策，严格限制煤炭使用，从污染最严重的地区入手，逐步扩大到更大的范围，最终覆盖全国。当然，气候行动的协同效应远远不止空气质量的改善，减少空气污染造成的死亡人数、降低医疗费用、改善公共健康、提高城市的宜居性和竞争力，这些都是很重要的协同效应。事实上，应对气候变化的行动带来了更好的环境、更好的经济和更好的生活。

许多政府逐步意识到协同治理是一种有效方法，能够获得中央、地方和社会各界的支持，促使达成低碳的气候战略共识。在一般情况下，人们很难直观地看到气候战略的收益，但大多数人都能看到并感受到防治空气污染、改造城市基础设施、发展清洁能源的好处。此外，协同治理气候和环境与发展问题相辅相成，显然，这使得协同治理的成本效益更高，可以获得更大的经济、社会、环境和气候效益。实践证明，协同治理在中国行之有效，我相信它在其他国家也会取得良好的效果。

2017年10月，清华大学气候变化与可持续发展研究院在北京成立，由我担任创始院长。研究院聚焦战略研究、国际对话与交流、教育与培训三大板块的内容，为国家的低碳转型提供基于科学的解决方案，为推进全球气候治理的多边进程做贡献。本书是研究院与联合国环境规划署、气候和清洁空气联盟等机构合作的第一份研究成果。解决气候、环境和发展这些挑战需要协同治理，这是我们的基本共识。希望本书可以为更多国家提供参考。

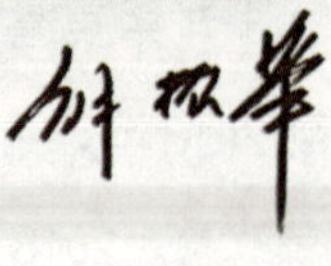

解振华

中国气候变化事务特别代表

清华大学气候变化与可持续发展研究院院长

2019年8月28日于北京

执行摘要

（一）环境与气候：从协同效应到协同治理

气候变化是当今人类面临的最大的环境挑战。与此同时，其他环境问题也在威胁人类健康和人类赖以生存的生态系统。在联合国框架下，应对气候变化的《巴黎协定》和《2030年可持续发展议程》给出了应对全球环境挑战的基本途径。目前，各国政府正在结合本国优先政策议程积极应对气候变化。在几乎所有国家中，气候政策最重要的驱动力不仅来自避免气候变化的长期影响，还包括实现近期的可持续发展目标，其中最为紧迫的就是解决国内空气污染问题（IPCC，2014）。由于空气污染与气候变化的来源和影响密切相关，因此，寻求能够减缓气候变化，同时减少空气污染等多重协同效应的政策或行动方案，将使各国能够更好地整合近期可持续发展目标和远期全球减缓气候变化目标，从而采取更有力的减排行动。许多国家的实践已经证明，协同的政策和行动，即协同治理，是一个有效多赢的途径（IPCC，2018）。针对某一类问题而采取的政策措施也可能同时解决其他问题，因此协同效应能够放大政策效果，提高行动的接受度和可持续性，并激发更有力度的减缓气候变化的目标与行动。

尽管协同治理收益多多，但仍有许多国家未认识到这一点，往往割裂地处理空气污染、气候变化和发展问题，从而错失政策良机，既有政策间的关联度也较低。在政策制定和实施中，如果没有认识到空气质量、气候变化和公共卫生之间的关联，还可能带来不可预见的消极后果，阻滞行动的进程并抑制行动的效果。《全球变暖1.5℃特别报告》强调气候变化、空气污染和可持续发展密切相关（IPCC，2018）。早在1990年，政府间气候变化专门委员会（IPCC）发布的《第一次气候变化科学评估报告》，就指出空气污染物，例如颗粒物（PM）、一氧化碳（CO）和二氧化硫（SO_2）会间接和直接地影响气候（IPCC，1990a）。这些影响气候辐射强迫的空气污染物往往和CO_2、CH_4等温室气体同根同源并混合在一起，其来源包括化石燃料开采和燃烧、工业生产、农业和畜牧业、废弃物处理和土地利用变化等。这些污染物被排放后，会以复杂的方式相互作用，从而影响气候系统并污染空气。例如，CH_4有助于对流层臭氧（O_3）的形成，而后者是一种强大的空气污染物和温室气体。这些污染物不仅影响气候，也对人体健康有直接影响。

空气污染和气候变化的内在联系意味着，为应对气候变化或减少空气污染而采取的许多措施对于可持续发展和减缓气候变化来说可能在短期内带来多重效益。然而，有些措施可能会在减少某类温室气体排放量的同时，增加另一类温室气体的排放量，从而对其他可持续发展目标产生负面影响。如果在设计政策时没有考虑到这些内在联系，可能会在无意中增加我们当前这条高风险路径的成本。了解这些因素之间的关系非常关键，可以帮助决策者筛选气候变化减缓和适应政策并协调各类政策，最大限度地发挥气候与可持续发展之间的协同作用，尽量减少二者之间的取舍。

近期的许多研究表明，减少气候辐射强迫因子排放的行动可以通过改善公众健康和生态系统的可持续性，迅速对经济和社会福利产生积极影响。例如，最近的一项模型分析发现，与2℃路径相比，在1.5℃路径下更严格的短期气候减排措施，可以使因空气污染而过早死亡的人数减少1.1亿~1.9亿（Shindell et al.，2018）。类似地，最近一项对亚太地区空气污染和减缓气候变化的综合评估发现，通过实施25项改善空气质量的措施，截至2050年可以减少近20%的CO_2排放（UNEP & CCAC，2018）。根据联合国欧洲经济委员会（UNECE）的一项研究，全球每减少一吨CO_2排放的健康效益的平均财务价值在58～380美元。减少CO_2排放所产生的健康效益在发展中国家更为显著。到2030年，东亚地区的健康效益将是减排边际成本的10～70倍（UNECE，2016）。2011年，联合国环境规划署和世界气象组织对短寿命气候污染物（Short-lived Climate Pollutants，SLCPs）实施的控制措施进行了综合评估，发现采取这些措施可使全球变暖的速度下降50%，同时避免每年价值40亿～320亿美元的农作物产量损失（采用世界市场价格），并避免每年2万亿～10万亿美元的健康损害支出（UNEP and WMO，2011）。减缓气候变化还带来了提高能源效率和可再生能源发展的协同效应，这些领域的协同效应相当于项目投资的50%~350%。研究还表明，某些森林项目可以实现相当于其总收入53%~92%的非气候协同效应（Ürge-Vorsatz et al.，2014）。

（二）中国实践

近十年来，中国在应对气候变化与生态环境保护方面取得长足进展。人口加权PM2.5的年平均浓度从2005年的66μg/m^3 降低至2017年的53μg/m^3（Health Effects Institute，2019）。与2005年相比，2018年的单位国内生产总值CO_2排放下降了45.8%，已超过2020年比2005年下降40%~45%的目标。在此过程中，各级政府以及各主要用能部门所采取的协同治理政策和措施发挥了关键作用。中国经验可归纳为四个主要方面，即制定和实现国家目标、强化法律法规及标准、建立国家试点以求政策扩散和创新，以及在关键区域和部门的突破。

国家目标反映在国民经济和社会发展的五年规划中。2005年以来的三个五年规划不断增加应对环境和气候变化挑战的具体目标，同时反映了中国在国际气候谈判中的承诺。为强调环境与气候变化的重要性，相关目标往往设为约束性指标，以与其他预期性指标相区别。针对这些目标，相关部门还设定了执行、考核和问责的规则及程序。

近年来，中国与环境和气候变化相关的法律法规不断得以强化。1987年开始实施的《中华人民共和国大气污染防治法》于1995年、2000年、2015年和2018年多次修订或修正。2015年的修订强调通过调整产业结构和能源结构从源头上减少大气污染物排放。其中，特别提出温室气体和污染物排放的协同治理。1997年颁布实施的《中华人民共和国节约能源法》也于2007年、2016年和2018年多次修订或修正，提高了节能标准并扩大了覆盖范围。2006年开始实施的《中华人民共和国可再生能源法》也于2009年加以修正，强调加快能源系统的低碳转型，减少化石能源的使用。

中央政府安排的地方试点是政策创新和扩散的关键途径。与环境和气候相关的试点项目包括国家低碳城市试点、可再生能源应用试点和海绵城市试点。其中，低碳城市试点从2010年开始，于2012年和2017年分别追加两批试点，全国共有78个城市在试点范围内。其中72个低碳城市试点宣称将于2020年实现碳排放达峰。全部试点圆满完成了“十二五”规划的减排目标（Chen and Zhuang，2018）。

中国的协同治理在重点地区、重点城市和关键领域取得了突破。京津冀地区之所以重要不仅在于它是“首都圈”，而且在于这一地区在全国各大都市圈中空气污染最为严重。通过煤炭总量控制和高耗能产业调整，实现了碳减排和大气污染治理双赢。北京市PM2.5的年平均浓度从2013年的89.5μg/m^3急剧下降到2018年的51μg/m^3，相比2013年降低了43%。同时，北京市制定了到2020年CO_2排放达峰的目标。在珠三角地区，深圳市经济高速发展，在20世纪90年代至21世纪初曾有过一段高耗能、高排放、高污染的历史，2004年灰霾天数高达187天。但在2018年，深圳PM2.5的年平均浓度为26μg/m^3，低于国家标准（35μg/m^3）。2013年，深圳市宣布原则上不再新建燃煤电厂。目前全市仅余一家燃煤电厂，而且其发电量也在迅速削减。天然气和可再生能源发电作为燃煤发电的替代品，目前已占全市总发电量的约90%。全市公共交通，包括公交车和出租车，基本实现电动化。这座年轻的城市计划将于2022年实现碳排放达峰。

电力部门规模巨大，温室气体和大气污染物排放突出，是中国协同治理的关键部门。该部门生产了全球1/4的电力，消耗了全国一半的燃煤。电力部门排放的SO_2占全国SO_2总排放的比例从2005年的51%下降至2016年的9.7%，电力排放的NO_x占全国NO_x总排放的比例从2005年的 54.9%下降至2016年的8.7%。同时，协同治理措施也有效地减缓了电力部门CO_2排放量的增长。以2005年为基准年，2006—2018年电力部门累计减少CO_2排放约137亿吨（中电联，2018）。2017年全国碳排放交易权市场首先在电力部门启动，作为一项综合措施，将进一步减少该部门温室气体和污染物排放。

（三）中国的未来目标和行动

中国中长期清洁空气的目标分为两个阶段（Tsinghua University，2017）。第一阶段的目标是到2030年全国重点城市和地区的PM2.5浓度都要达到35μg/m^{3}的国家标准，第二阶段的目标是到2050年，全国重点城市和地区的PM2.5浓度都要达到15μg/m^{3}的国家标准。中国政府在《巴黎协定》下的国家自主决定贡献（NDC）目标中承诺，到2030年，国内生产总值的CO_2强度将比2005年的水平下降60%~65%，非化石能源在一次能源消费中的比例提高到20%，并在2030年左右实现CO_2排放达到峰值且将努力早日达峰。

中国中长期环境和气候协同治理可带来显著的协同效应。若以环境质量改善为目标，采取排放控制政策，使中国在2015—2050年实现SO_2和NO_x每5年减排8%和10%，那么到2050年可以实现协同减少CO_2排放最高达200亿吨（Nam et al.，2013）。若中国2030年全面实现国家自主贡献中的各项目标，届时SO_2、NO_x和PM 2.5排放也将比2010年分别降低78.85%、77.56%和83.32%（Yang et al.，2017）。碳定价这类经济政策可以通过市场的作用对减少能源消费、促进技术升级产生积极反馈，带来污染物的协同减排。2015—2030年，在碳定价的作用下中国CO_2排放强度可实现年均4%的下降，到2030年与无碳定价情景相比，可以实现SO_2减排25%、NO_x减排19%、全国人口加权平均PM2.5浓度下降12%的协同效应，同时可以避免9.4万人的过早死亡（Li et al.，2018）。总体而言，中长期环境和气候协同治理的整体路径为“2030年之前蓝天带动低碳，2030年之后低碳带动蓝天”。

巴黎气候大会之后，中国政府迅速制定了《能源生产和消费革命战略（2016—2030年）》。该战略确立了2030年能源消费总量控制在60亿吨标准煤以下、非化石能源发电量占总电量的比例达50%、非化石能源占一次能源消费总量的20%左右、天然气占比达15%左右的能源结构优化目标，实施严格控制和减少煤炭消费总量的目标和措施，确保2030年单位国内生产总值的CO_2强度比2005年下降60%~65%，2030年左右CO_2排放总量达峰并努力早日达峰的NDC目标实现。到2030年水电、风电、太阳能发电装机容量均将超过5亿千瓦，单位国内生产总值的CO_2强度年下降率将提升到5%左右，在保证届时4.0%~5.0%国内生产总值潜在增长率的情况下，实现CO_2排放早日达峰。届时，电力结构的优化和发电效率提升可实现单位发电量所产生的CO_2和SO_2比2015年减少1/3左右。而若在2030年实现太阳能光伏发电装机容量达4亿千瓦，则可以减少全国范围内4.2%的CO_2排放并避免由于空气污染而导致的1.2%的过早死亡率（Yang et al.，2018）。

在工业部门，假设2030年钢铁需求量为6.4亿吨，如果废钢的回收率提高50%，则可以回收1.9亿吨废钢，与不采取任何节能措施延续当前发展的基准情景相比，可以实现CO_2减排6 770万吨、SO_2减排11万吨、NO_x减排2万吨、PM10减排3万吨。同时，废钢回收还可以带来巨大的健康效益和经济效益，包括避免2.85万~7.1万人因空气污染导致的过早死亡，避免经济损失3.86亿~8.54亿美元（Ma et al.，2016）。而在交通部门，通过提高能效和优化运输结构在2050年相比基准情景可以分别实现CO_2减排38%和35%，同时可以分别避免12万人和10.2万人因空气污染导致的过早死亡（Liu et al.，2018）。民用建筑的燃料替代可以实现巨大的空气和健康改善效益。在2010—2030年期间采取燃料替代措施可以将与空气质量相关的过早死亡率减少4%，将因室内空气污染导致的死亡率降低31%（Liu et al.，2018）。

（四）国际案例

越来越多的国家将气候变化、空气污染的协同治理视为一项关键战略，它不仅可以推动国内发展议程，同时能够实现可持续发展和气候变化等国际承诺。这些国家虽然处于不同的经济发展阶段，有不同的国内发展重点，采取了不同的方式进行一体化协同治理，但其良好的实践和经验都值得借鉴。

每个国家都采用了不同的工具和方法对政策措施开展综合评估，研究减缓气候变化，实现健康、社会经济发展和可持续发展目标的协同效应。为确保采取协调一致的行动以带来最大收益并降低政策失败的风险，需要对所有空气污染物和温室气体排放进行综合评估。加纳和墨西哥的案例均表明，对短寿命气候污染物和温室气体的综合评估能够减少联合排放，而挪威的案例则强调了综合评估在识别双赢和输赢局面中的作用。所有国家的案例都证明，综合评估有利于合理决策，也便于对决策实施情况加以监督。

对于许多国家而言，政府高度关注改善空气质量和减缓气候变化所能产生的局部效益和直接效果，这也决定了它们未来提高减排力度的决心。在所有案例中，量化的公共健康影响是采取行动的关键动力，即使在芬兰这样空气质量相对较好的国家也是如此。英国案例的重要经验是强调政策措施的分配效应，特别是对弱势群体造成的负担。挪威的案例强调了评估不同时间尺度的政策影响的重要性。研究发现，NO_x相关减排措施虽然会导致短期气候变暖，但会带来健康和环境的收益。这个案例表明，尽管公共卫生的近期收益是采取行动的重要诱因，但气候变化的影响可以帮助政策制定者权衡不同目标，例如通过加强其他领域的行动来抵消负面影响，或者选择替代性政策以实现更好的正面效果。

特定地方或区域对排放的脆弱性可以在政策制定中发挥重要作用，并且成为采取协同行动的动力。芬兰和挪威作为北极圈附近的国家，容易受到黑碳和其他污染物排放的影响，这种脆弱性是协调气候变化和空气污染行动的关键动力。

许多案例显示，跨部门合作或政府全面行动对实现持续有效的协同治理至关重要。以加纳为例，跨部门工作组的成立确保了用于综合评估的数据的一致性和方案的协调性，并且保障措施得以在全国范围内迅速采纳和实施。墨西哥和挪威也建立了类似的跨部门工作组。智利的案例凸显了多利益相关方协作和多重效益评估方法的重要性，可以确保政策被广泛接纳并持久有效，从而在一定程度上缩小理论分析与实际效果之间的巨大差距。

这些案例还表明，综合评估和协同治理是有效的工具：它们能够提高政策的成本效益和协调性，既节省公共资金，又提高政策的成功概率。协同治理还能够帮助决策者合理分配财政、技术和人力资源，说服政府官员采取果断而迅速的行动。

（五）基本结论

近几十年的科学研究表明，气候变化与环境污染之间是紧密相联的。许多空气污染物会影响气候，并且通常与温室气体（例如 CO_2）同根同源。这种高度关联性为协同治理气候变化与空气污染问题提供了契机。如果在制定政策和减排行动时充分考虑这种关联性，可以显著地增加收益并降低成本。气候与环境协同治理可以增强政策的可行性、连贯性和可持续性，并激发各国政府更强的减排决心，因而可以显著地提高政策效率。

尽管协同治理效益显著，但是由于各种原因，各国政府长期以来割裂地处理气候变化和环境污染问题。本书的案例和实践表明，越来越多的国家开始重视气候变化、空气污染与发展问题三者之间的协同治理，将之视为可以同时满足国际可持续发展和气候承诺及国内目标的关键战略。尽管这类案例的数量不断增加，但目前尚未形成国际通行的做法。要成功地实现人类在气候、环境和可持续发展方面的共同目标，我们还需要继续探索协同治理理论和实践，从而激发各行各业更大的减排决心。

（六）对中国的政策建议

（1）将环境与气候协同治理的理念和中长期战略纳入国家“十四五”规划，实现气候与环境双赢；

（2）扩大煤炭消费总量控制实施范围，推动沿海省市碳排放尽早达峰，鼓励能源密集型行业深度脱碳；

（3）加快建设全国碳市场，扩大覆盖范围至全部重点排放行业；

（4）利用政府职能转隶契机，全面提升生态环境部的协同治理能力；

（5）积极促进绿色“一带一路”倡议的协同治理。

（七）对各国的政策建议

（1）各国政府应持续探索并实施气候和环境的协同治理，使环境与气候政策和行动更趋协同；

（2）国际和区域组织及机构应促进国家及地区间的环境与气候协同治理经验和资源共享；

（3）将气候与环境协同治理的综合评估纳入决策过程。

目录

图表目录

第1章 引言

2015年，全球共196个国家签署了《巴黎协定》，旨在通过改变各自的发展路径，将全球变暖温升控制在工业化前的2°C以下，使世界走上可持续发展的道路。这是有史以来第一次，国际社会就发展的优先领域达成协议，并制订了持续至2030年的可行方案。由此，各国共同确立了协调气候、环境和社会发展的共同目标，并认识到人类为了实现气候目标所采取的发展路径至关重要。

同样，2015年通过的《2030年可持续发展议程》强调了社会、经济和环境领域互相关联和不可分割的特点。例如，与空气质量有关的可持续发展目标与大众健康、城市可持续发展、生产模式的创新和减缓气候变化等优先政策议程密切相关。此外，气候行动和气候恢复是实现可持续发展的核心议题，其影响贯穿整个可持续发展议程。

各国政府正在结合本国优先政策议程积极应对气候变化。在几乎所有国家中，气候政策最重要的驱动力不仅包括为了避免气候变化的长期影响，还包括实现近期的可持续发展目标，其中最为紧迫的就是解决国内空气污染问题（IPCC，2014）。由于空气污染和气候变化的来源紧密相连，因此，寻求能够减缓气候变化并同时减少空气污染等多重协同效应的政策或行动方案，将使各国能够更好地结合近期可持续发展目标和远期全球减缓气候变化目标，从而采取更有力的减排行动。

尽管气候变化和环境问题紧密相连，但仍有许多国家未认识到这一点，依旧割裂地处理空气污染、气候变化和发展问题，从而错失政策机会，政策间的关联也比较差。在政策制定和实施时，如果没有认识到空气质量、气候变化和公共卫生之间的关联，就可能会带来不可预见的消极后果，阻滞行动的进程并抑制行动的效果。另外，协同治理气候变化和空气污染的政策可以放大政策效果，提高行动的认可度和可持续性，并激发各国政府更进一步的减缓气候变化的目标与行动。

1.1 气候变化与环境问题的联系

《全球变暖1.5 ℃特别报告》强调气候变化、空气污染和可持续发展密切相关（IPCC，2018）。1990年，政府间气候变化专门委员会（IPCC）在发布的《第一次气候变化科学评估报告》中就指出，空气污染物，例如颗粒物（PM）、一氧化碳（CO）和二氧化硫（SO_2）会间接和直接地影响气候（IPCC，1990a）（如图1-1所示）。这些影响气候辐射强迫的空气污染物往往和CO_2、CH_4等温室气体同根同源并混合在一起，其来源包括化石燃料开采和燃烧、工业生产、农业和畜牧业生产、废弃物处理和土地利用变化等。这些污染物被排放后，会以复杂的方式相互作用，从而影响气候系统并污染空气。例如，CH_4有助于对流层臭氧（O_3）的形成，而后者是一种强大的空气污染物和温室气体。

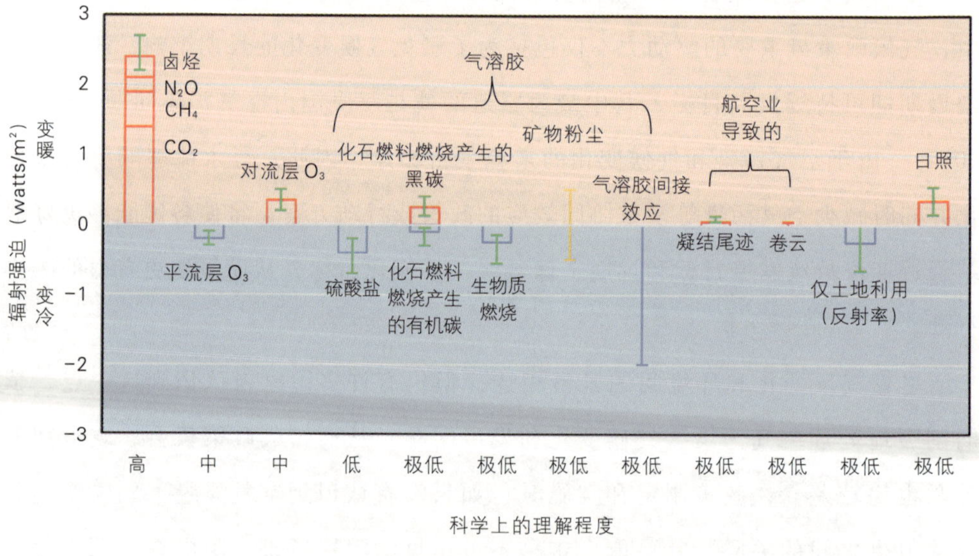

图1-1 气候系统的全球平均辐射强迫（2000年相对于1750年）

资料来源：IPCC，1990a.

这些环境污染物不仅会对气候系统产生短期和长期的影响，而且会直接影响人类健康。根据世界卫生组织的数据，全球每年有近700万人因长期暴露于悬浮在空气中的空气动力学当量直径等于或小于2.5微米的颗粒物（PM2.5）而过早死亡（WHO，2016）。长期暴露于PM2.5容易导致的不良健康影响包括：哮喘、其他呼吸道疾病和心脏病，此外它还和癌症、糖尿病、增加痴呆症风险、认知发育受损、较低智力水平有关（UNICEF，2017）。当另外一些环境污染物（如SO_2、CO和CH_4）在阳光下发生反应时，会形成对流层的臭氧，这种气体对儿童、老年人、肺病或心血管疾病患者特别危险，并可能加重支气管炎、肺气肿和哮喘，对肺组织形成永久性伤害。

空气污染和气候变化的内在联系意味着，为应对气候变化或减少空气污染而采取的许多措施对于可持续发展和减缓气候变化来说可能在短期内带来多重效益。然而，有些措施可能会在减少某类温室气体排放的同时，增加另一类温室气体的排放量，从而对其他可持续发展目标产生负面影响。如果在制定政策时没有考虑到这些内在联系，可能会在无意中增加我们当前这条高风险路径的成本。了解这些因素之间的关系非常关键，它可以帮助决策者筛选气候变化减缓和适应政策以及协调各类政策，最大限度地发挥气候与可持续发展之间的协同作用。

1.2 气候行动的协同效应

近期的许多研究表明，减缓气候辐射强迫排放的行动可以通过改善公众健康和生态系统的可持续性，迅速对经济和社会福利产生积极影响。例如，一项模型分析发现，与2°C路径相比，1.5°C路径下更严格的短期气候减缓措施，可以减少1.1亿～1.9亿人因空气污染而导致的过早死亡（Shindell et al.，2018）。类似地，一项对亚太地区空气污染和减缓气候变化的综合评估发现，通过实施25项改善空气质量的措施，截至2050年全球可以减少近20%的CO_2排放（UNEP & CCAC，2018）。

由于空气污染加剧对公共卫生、主要农作物和气候系统的影响所造成的外部成本尚未反映在市场价格中，决策者在制定和执行政策时往往会低估甚至忽视这些外部成本。然而，分析与温室气体排放有关的外部成本对决策具有重大影响。根据联合国欧洲经济委员会（UNECE）的一项研究，全球每减少一吨二氧化碳排放的健康效益的平均财务价值在58～380美元。减少二氧化碳排放所产生的健康效益在发展中国家更为显著。到2030年，东亚地区的健康效益将是减排边际成本的10～70倍（UNECE，2016）。2011年，联合国环境规划署和世界气象组织（WMO）对短寿命气候污染物（Short-lived Climate Pollutants，SLCPs）控制措施进行了综合评估，发现采取这些措施可使全球变暖的速度下降50%，同时避免每年价值40亿～320亿美元的农作物产量损失（使用世界市场价格），并避免每年2万亿～10万亿美元的健康损害支出（见专栏1.1）。

专栏1.1　短寿命气候污染物

联合国环境规划署和世界气象组织对黑碳和对流层臭氧的综合评估基于以下理解：虽然空气质量和气候的变化通常发生在不同的时间和空间，但两个议题的许多方面密切相关（UNEP & WMO，2011）。评估从大约2 000项潜在措施中，选取了400项能够对气候和空气质量产生短期多重净效益的措施，以及16项能够减少90%的气候影响并减少空气污染的减排措施。这些措施的重点是减少CH_4和黑碳排放，它们与氢氟碳化合物（HFCs）一起被称为短寿命气候污染物。

全面部署16项短寿命气候污染物减排措施，可使目前的全球变暖的速度降低一半，可使到2050年预期的温升比不采取这些措施降低0.5℃，使250万人避免因暴露于室外PM2.5而导致的过早死亡，并避免因臭氧污染而导致的农作物减产5 200万吨。同样，之后关于氢氟碳化合物的报告指出，逐步淘汰氢氟碳化合物到2050年可以进一步避免0.1℃的温升（Xu et al.，2013）。

低碳政策一般会对财税体系产生积极影响。国际货币基金组织（IMF）的一份报告建议，前20个温室气体排放大国可以征收每吨二氧化碳排放约57美元的国内碳税，以应对目前普遍存在的由于化石能源补贴和低能源价格而导致的政策扭曲问题。该措施可产生相当于这20个国家约2%的国内生产总值的税收收入。在这种情况下，这些国家才有能力削减诸如所得税等税收，并且在不减少税收总额的情况下改善财政结构。这些效益加上与化石燃料排放减少相关的健康效益，往往大于碳定价造成的减排成本（Parry et al.，2014）。

一些案例研究表明，减缓气候变化还带来了提高能源效率和可再生能源发展的协同效应。这些领域的协同效应相当于项目投资的50%～350%。研究还表明，某些森林项目可以实现相当于其总收入53%～92%的非气候协同效应（Ürge-Vorsatz et al.，2014）。此外，协同效应还反映在宏观经济中。例如，增加与气候相关的资本和劳动力投入将影响经济增长和劳动力市场。在分配方面，气候政策可能对不同的收入群体产生不同的福利影响，减少收入不平等，增加人力资本投资。

值得注意的是，由于一些效益难以货币化，例如生态系统、水资源和自然环境恢复力的改善，大多数关于气候政策和碳的社会成本之间的协同效应研究目前只包括如公众健康改善这类易于计算的协同效应。而诸如避免通过气候临界点（如北极夏季海冰融化），或避免由气候引发的灾害和极端天气事件所增加的经济效益在模型中都没有很好地体现。因此，协同效应的实际经济价值可能高于这些研究中所估计的价值。

1.3 从协同效应到协同治理

尽管自20世纪90年代以来，协同效应这一概念便出现在学术论文和官方文件中，但直到2001年，IPCC的《第三次气候变化科学评估报告》才正式将其定义为“减缓温室气体排放政策的非气候效益”。自那以来，协同效应的概念不断演变，也更具包容性和更为平衡。例如，除了经常讨论的环境、健康和经济协同效应外，减缓气候变化政策对粮食生产也有协同效应（Chuwah，2015）。2018年，IPCC将协同效应的概念扩大到“针对某一目标的政策或措施对其他目标产生的积极影响，从而增加社会或环境的总收益”（IPCC，2018）。本书遵循IPCC的定义，并聚焦于协同政策所产生的多重效益。

协同效应概念的演变对综合治理气候和环境问题具有重要的政策含义。首先，它强调双赢或多赢策略，试图通过实施一项政策而实现多个目标。其次，它强调协调气候和防治空气污染政策的联合执行。从经济角度来看，这种协同可以降低政策实施成本，从而有助于优化政策的成本（谭琦璐等，2018）。通过关注行动的眼前利益和长期利益，决策者和规划者可以量化和宣传采取行动的重要性，这些行动的效益不仅包括控制全球气温上升，还可以改善当地空气质量、推动经济发展。

气候与环境协同治理可以协调全球温升目标与地方或国家层面的政策优先议题，在应对气候变化的框架下减少温室气体排放、实现可持续发展、控制空气污染。协同治理应基于对这些环境和气候议题特点的充分理解。空气污染和气候变化有不同的时空范围。空气污染对人类健康和生态系统的影响是局部的和短期的，但气候变化的影响是全球性的和中长期的，并且是累积的。在制定政策的早期阶段，应综合考虑短期和长期行动。对于空气污染严重的国家，空气污染治理措施在短期内对减少温室气体排放的效益显著。然而，从长期来看，单靠空气污染治理措施不可能实现全球的二氧化碳净零排放目标，还需要采取碳捕获和储存等技术措施。

自20世纪90年代初开始，由于综合评估、工具和良好实践越来越多，国际社会对采用协同治理措施解决气候、环境和发展问题的兴趣大大增加。目前许多国家正在评估协调气候和空气污染战略与措施的好处。例如，2017年加拿大颁布了全球第一个有关协同治理气候和空气质量问题的短寿命污染物国家战略（Government of Canada，2019）。另外一个例子是中国实施的空气污染控制政策（具体内容见第2章和第3章），这些政策已成为中国应对气候变化、推动向更清洁能源和绿色经济结构转型、实现其他可持续发展目标的重要驱动力之一。

本书介绍了来自中国和其他国家的地方和国家实践，这些实践表明了世界各国对环境与气候协同治理的兴趣日益浓厚。本书由5章组成：第1章介绍了气候变化、环境和可持续发展协同治理的背景。第2章介绍了中国在国家、区域、城市和产业层面的气候与环境协同治理实践。第3章探讨了中国未来的气候与环境协同治理措施及其影响。第4章提供了全球其他六个国家——智利、芬兰、加纳、墨西哥、挪威和英国的良好实践。第5章总结了报告的结论，并为中国和整个世界提供了协同治理方面的政策建议。

参考文献

Chuwah, C., Noije, T.V., Vuuren, D.P.V., Stehfest, E., and Hazeleger, W. 2015. Global impacts of surface ozone changes on crop yields and land use.Atmospheric Environment 106（161）, pp.11-23.

Government of Canada. 2019. *Short-lived climate pollutants.* https：//www.canada.ca/en/services/environment/weather/climatechange/climate-action/short-lived-climate-pollutants.html（accessed 2 August 2019）.

IPCC.1990a. *First Assessment Report.* Intergovernmental Panel on Climate Change.

IPCC.1990b. *First Assessment Report（AR1）Working Group I, Summary for Policy Makers.* Intergovernmental Panel on Climate Change.

IPCC. 2014. *Climate Change 2014：Mitigation of Climate Change. Contribution of Working Group III to the Fifth Assessment Report of the Intergovernmental Panel on Climate Change.*Cambridge University Press.

IPCC. 2018. *Global Warming of 1.5.C.An IPCC special report on the impacts of global warming of 1.5.C above pre-industrial levels and related global greenhouse gas emission pathways, in the context of strengthening the global response to the threat of climate change, sustainable development, and efforts to eradicate poverty.*Intergovernmental Panel on Climate Change.

Parry, I., Veung, C.and Heine, D. 2014.*How much carbon pricing is in countries' own interests? The critical role of co-benefits.*International Monetary Fund.https：//www.imf.org/external/pubs/ft/wp/2014/wp14174.pdf（accessed 28 August 2019）.

Shindell, D.T., Faluvegi, G., Seltzer, K., and C.Shindell. 2018. Quantified, localized health benefits of accelerated carbon dioxide emissions reductions. *Nature Clim. Change* 8, pp. 291-295, doi: 10.1038/s41558-018-0108-y.

UNECE Programmes. 2016. *The Co-benefits of Climate Change Mitigation*. United Nations Economic Commission for Europe. http://www.unece.org/fileadmin/DAM/Sustainable_Development_No._2__Final__Draft_OK_2.pdf (accessed 28 August 2019).

UNEP and WMO. 2011. *Integrated Assessment of Black Carbon and Tropospheric Ozone*, United Nations Environment Programme and the World Meteorological Organization.

UNEP and CCAC. 2018. *Air Pollution in Asia and the Pacific: Science-based Solutions*. United Nations Environment Programme and Climate & Clean Air Coalition.

UNICEF. 2017. *Danger in the air: How air pollution can affect brain development in young children*, United Nations Children's Fund.

Ürge-Vorsatz, D., Herrero, S.T., Dubash, N.K.and Lecocq, F. 2014. Measuring the co-benefits of climate change mitigation. *Annual Review of Environment and Resources 39*, pp.549-582.

WHO. 2016. *Burden of disease from the joint effects of Household and Ambient Air Pollution for 2012-V2 Updated for 2016*. World Health Organization. https://www.who.int/phe/health_topics/outdoorair/databases/AP_jointeffect_BoD_results_Nov2016.pdf? ua=1 (accessed 18 July 2019).

Xu Y., Zaelke D., Velders G.J.M. and Ramanathan, V. 2013. The role of HFCs in mitigating 21st century climate change. *Atmospheric Chemistry and Physics* 13, pp.6083-6089. https://doi.org/10.5194/acp-13-6083-2013 (accessed 28 August 2019).

谭琦璐，温宗国，杨宏伟．控制温室气体和大气污染物的协同效应研究评述及建议［J］．环境保护，2018，46（24）：53-59.

第2章　中国实践

自改革开放以来，中国的社会和经济得到快速发展。从1979年到2018年，中国的国内生产总值年均增长速度为9.4%，远高于同期2.9%的世界平均水平（国家统计局，2019）。与此同时，中国的人口数量从大约9.8亿增长到约14亿，民用汽车保有量也从160万辆急剧增长到2.32亿辆。伴随这些增长的是不可避免的环境污染和大量温室气体排放。常规大气污染物和温室气体的来源基本相同，因此，探索二者的协同治理措施，对中国应对气候变化和防治大气污染有着十分重要的意义。

在缓解大气污染问题的迫切需求以及应对气候变化国际承诺的联合推动下，中国政府在应对环境和气候挑战方面做出了巨大努力，在国家和区域层面以及重点排放部门都采取了具体的协同治理措施。中国的人口加权PM2.5的年平均浓度从2005年的66μg/m^{3}降低至2017年的53μg/m^3（Health Effects Institute，2019）。与2005年相比，2018年的单位国内生产总值CO_2排放下降了45.8%（生态环境部，2019）。

2.1　中国自“十五”规划以来的协同治理政策措施

2.1.1　协同治理在国家战略规划中的体现

“国民经济和社会发展五年规划纲要”（简称“五年规划”）是中国最重要的国家战略规划。“五年规划”会明确未来五年的经济社会发展目标、主要任务以及重大举措。自“十五”（2001— 2005年）以来，历次五年规划目标都在不同程度上体现出环境与气候协同治理的理念。

“十五”规划强调“要把改善生态、保护环境作为经济发展和提高人民生活质量的重要内容”，期间制定了一些与环境和气候相关的目标，包括主要污染物排放总量减少（主要是SO_2）和森林覆盖率提高等（见表2-1）。森林覆盖率提高目标在“十五”规划期间得以顺利达成，但是SO_2排放量不降反升，2005年比2000年上升了27.8%。这在很大程度上促使中国实行更加严格的节能减排措施，也促进了环境约束性指标的出现（王金南等，2018）。

表2-1　历次“五年规划”中体现环境与气候协同治理理念的主要指标

经济社会发展主要指标	规划目标				实现情况		
	“十五”（2001—2005）	“十一五”（2006—2010）	“十二五”（2011—2015）	“十三五”（2016—2020）	“十五”（2001—2005）	“十一五”（2006—2010）	“十二五”（2011—2015）
单位国内生产总值能源消耗降低（%）		20.0①	16.0①	15.0①		19.1①	18.2①
非化石能源占一次能源消费的比例（%）			11.4②	15.0②			12.0②
单位国内生产总值CO_2降低（%）			17.0①	18.0①			20.0①
主要污染物排放总量减少（%）：SO_2	10.0①	10.0①	8.0①	15.0①	-27.8①	14.3①	18.0①
主要污染物排放总量减少（%）：NOx			10.0①	15.0①			18.6①
地级及以上城市③空气质量优良天数④比率（%）				>80②			
细颗粒物（PM2.5）未达标地级及以上城市浓度下降（%）				18.0①			
森林覆盖率（%）	18.2②	20.0②	21.66②	23.04②	18.2②	20.36②	21.66②
森林蓄积量（亿立方米）			143②	165②			151②

注：①五年累积量；②“五年规划”期间最终完成量；③地级及以上城市包括地级市、地区、自治州和自治盟；④空气质量优良天数指空气质量指数（AQI）在0～100之间的天数。

“十一五”规划（2006—2010年）期间，“单位国内生产总值能源消耗降低比例”作为一个新增目标被纳入，用以评估能源的利用效率。在这一规划中，中国第一次将经济和社会发展的量化指标划分为“预期性指标”和“约束性指标”两类。“预期性指标”是国家期望的发展目标，主要依靠市场主体的自主行为实现；

"约束性指标"是在预期性指标基础上进一步明确并强化了政府责任的指标，是中央政府在公共服务和涉及公众利益的领域对地方政府和中央政府有关部门提出的工作要求，政府要通过合理配置公共资源和有效运用行政力量，确保实现（全国人民代表大会，2006）。"十一五"之后，五年规划中的大多数环境和气候目标都被列为"约束性指标"。

2009年，中国政府提出到2020年单位国内生产总值CO_2排放比2005年下降40%~45%的目标。该目标作为约束性指标被纳入了"十二五"规划（2011—2015年），体现为两个新增指标："单位国内生产总值CO_2排放降低的比例（%）"和"非化石能源占一次能源消费的比例（%）"。此外，在"主要污染物排放总量减少（%）"指标中增加了氮氧化物排放，扩大了对大气污染物的控制范围。显然，"十二五"规划同时涵盖了大气污染物和温室气体两个方面的治理目标。

考虑到改善空气质量的迫切需求，中国政府在"十三五"规划（2016—2020年）期间又增加了两个新的指标："地级及以上城市空气质量优良天数比率（%）"和"细颗粒物（PM2.5）未达标地级及以上城市浓度下降（%）"。这反映了中国政府的环境治理模式从以总量控制为核心向以环境质量改善为核心的转变（解振华，2019）。《"十三五"节能减排综合工作方案》中又进一步提出了控制能源消耗总量的目标。总体而言，逐步完善的五年规划目标明确反映了中央政府加强空气污染和气候协同治理的理念。

2.1.2 法律法规与制度体系建设

中国政府不断建立或完善法律法规体系，以提高空气质量、减缓温室气体排放、增加可再生能源利用以及提高能源利用效率。这些法律法规主要包括《中华人民共和国大气污染防治法》、《中华人民共和国可再生能源法》和《中华人民共和国节约能源法》等。

《中华人民共和国大气污染防治法》颁布于1987年，并分别于1995年、2000年、2015年和2018年进行了修订或修正，其主要作用是"保护和改善环境，防治大气污染，保障公众健康，推进生态文明建设，促进经济社会可持续发展”。在该法律的早期版本中，主要通过制定建设项目、工业设施、火电厂、机动车船等排放标准的方式来控制SO_2、NO_x、粉尘和废气的排放。在2015年和2018年的修订版本中，空气污染治理理念由对污染物排放控制转向对区域空气质量的整体提升，这突出表现在强调“坚持源头治理”，而不仅仅关注末端控制上。此外，“重点区域大气污染联合防治”作为一项重要举措也被着重强调。新修订的《中华人民共和国大气污染防治法》还首次提出了“对颗粒物、二氧化硫、氮氧化物、挥发性有机物、氨等大气污染物和温室气体实施协同控制”。

为了加强环境与气候的治理，中国政府建立了目标考核责任制。中央层面制定的政策目标，会分解落实到各省、自治区和直辖市。《中华人民共和国节约能源法》为实施“节能目标责任制”和“节能考核评价制度”提供了依据，要求“将节能目标完成情况作为对地方人民政府及其负责人考核评价的内容”，“省、自治区、直辖市人民政府每年向国务院报告节能目标责任的履行情况”。未能完成节能目标的地方政府和官员将面临多项处罚，例如“相关领导不得参加年度评奖、授予荣誉称号等”，同时，年内暂停对该地区新建高耗能项目的审批和核准。《中华人民共和国大气污染防治法》也规定了“对省、自治区、直辖市大气环境质量改善目标、大气污染防治重点任务完成情况进行考核”。重点大气污染物排放总量的控制目标，由国务院下达到省、自治区、直辖市人民政府。“对超过国家重点大气污染物排放总量控制指标或者未完成国家下达的大气环境质量改善目标的地区，其人民政府的主要负责人会被约谈，该地区新增重点大气污染物排放总量的建设项目环境影响评价文件也会暂停审批”。“十一五”期间，能源消耗强度降低和SO_2排放减少的全国目标被分解到各省、自治区、直辖市；“十二五”期间，碳排放强度降低和NO_x排放减少的全国目标也被分解到各省、自治区、直辖市。《“十三五”节能减排综合工作方案》又将“能源消费总量”和“能耗强度”控制目标分解到各省、自治区、直辖市。

中国政府在采取严格的行政措施的同时，也在积极推广基于市场的政策措施。

从2013年起，中国政府先后在“两省五市”（湖北、广东、北京、上海、天津、重庆、深圳）开展了碳排放权交易试点工作，涵盖3 000多家主要的碳排放企业。2017年，国家发展和改革委员会印发了《全国碳排放权交易市场建设方案（发电行业）》，标志着全国碳排放权交易体系正式建立（详见2.4节）。2019年，生态环境部起草并发布了《碳排放权交易管理暂行条例（征求意见稿）》。

随着法律法规的不断完善，中国的机构建设也在不断调整完善。2018年之前，应对气候变化和大气污染的治理工作分属于两个不同的部委：国家发展和改革委员会应对气候变化司负责制定并执行应对气候变化的相关政策，环境保护部负责制定除应对气候变化之外的环境保护政策措施。2018年，环境保护部改组为生态环境部，原国家发展和改革委员会应对气候变化司整体转隶到生态环境部。此次气候与环境部门合并，将大幅降低机构间的协调成本，提高行政效率，促进环境和气候相关问题的解决（Wang et al.，2019）。

得益于上述措施，中国政府圆满完成了“十二五”规划的所有目标。能源消耗强度、碳排放强度、主要污染物排放量明显降低，非化石燃料占一次燃料消费的比例、森林覆盖率和森林蓄积率迅速增长。据估算，“十三五”规划的大部分目标都能如期甚至提前完成。例如，非化石能源占一次能源消费的比例在2018年年底增加到14.3%，非常接近2020年达到15%的目标；2018年单位国内生产总值CO_2排放量与2005年相比下降了45.8%，意味着原计划到2020年比2005年下降40%～45%的目标已经提前完成；338个城市在2018年的空气质量平均达标天数比例为79.3%，与2015年相比上升了2.6个百分点（生态环境部，2019；环境保护部，2016）。

2.2 京津冀地区的协同治理探索

除了国家层面的行动，中国政府还积极推动区域层面的协作。京津冀地区（包括北京市、天津市、河北省）的协同治理就是一个很好的案例。京津冀地区仅占全国国土面积的约2%；但是，2017年，全国8%的人口，9.5%的国内生产总值，

10%的能源消耗，以及7%的煤炭消耗集中在京津冀地区（国家统计局能源统计司，2018；国家统计局，2020）。由于人口密度高，能源需求量大，对煤炭又高度依赖，“京津冀及周边地区（包括北京市、天津市、河北省、山西省、内蒙古自治区、山东省）是我国大气污染最严重的区域”（环境保护部等，2013）。京津冀地区在2013年PM2.5浓度大约为106μg/m^3，3倍于国家空气质量标准的35μg/m^3。国务院于2013年9月发布的《大气污染防治行动计划》指出，到2017年，京津冀地区的PM2.5年平均浓度要比2012年下降25%，其中，北京市PM2.5年平均浓度要控制在60μg/m^3左右。

由于空气污染物在不同区域间会发生流动和扩散，北京市、天津市和河北省需要协同合作以解决其所面临的严重空气污染问题。2013年，环境保护部、国家发展和改革委员会、工业和信息化部、财政部、住房和城乡建设部、国家能源局六部委联合发布了《京津冀及周边地区落实大气污染防治行动计划实施细则》，启动了京津冀地区的大气污染防治行动计划，在区域内统一部署了多项治理措施。这些措施包括减少煤炭消费量、调整产业结构和减少机动车燃油消耗等。到2017年，京津冀地区的PM2.5年平均浓度已经降低至64μg/m^3，相比2013年减少了39.6%；达标天数比例提高49.3%，重污染天数由2013年的75天下降至28天（亚洲清洁空气中心，2018a）。同时，在2013年到2017年期间，北京市、天津市、河北省的单位地区生产总值CO_2排放强度分别下降了约24%、29%和29%。

2.2.1 减少煤炭消费量

煤炭燃烧是造成京津冀地区空气污染和大量CO_2排放的主要原因。《京津冀及周边地区落实大气污染防治行动计划实施细则》要求北京市、天津市和河北省到2017年年底相比2012年净削减煤炭消费量共6 300万吨。实际上，北京市、天津市和河北省共完成煤炭消费量削减7 100万吨，超额完成了目标。《“十三五”生态环境保护规划》进一步要求到2020年各地相比2005年削减原煤消费量10%，这意味着届时北京市、天津市和河北省的煤炭消费量将分别不超过1 000万吨、4 100万吨和2.6亿吨。北京市在此基础上制定了更加严格的目标，即到2020年煤炭消费量不超过500万吨。

自2013年起，京津冀地区严格执行了淘汰燃煤小锅炉的任务安排，10蒸吨以下燃煤小锅炉基本清零，预计将于2020年关停建成区35蒸吨及以下燃煤锅炉。仅2017年一年，北京市就淘汰了2.7万余台燃煤小锅炉，天津市改燃关停燃煤锅炉1.09万台，河北省淘汰3.9万台共5.8万蒸吨燃煤锅炉，提标改造311台共2.1万蒸吨燃煤锅炉（亚洲清洁空气中心，2018b）。省市级政府采取了多项具体政策保障推进小型燃煤锅炉的关停工作。例如，河北省对燃煤锅炉改造、淘汰给予补助，单独取缔拆除的3万元/蒸吨，实施清洁能源改造的8万元/蒸吨。

京津冀地区还实施了“煤改电”和“煤改气”计划，以逐步淘汰居民散煤使用。在2016年和2017年就完成约474万户的“煤改电”“煤改气”改造，共替代散煤约1 200万吨，约占该地区散煤消费量的30%（亚洲清洁空气中心，2018a）。不同地区为用户提供了50%～100%不等的设备购置补贴，以及0.15元/kWh～0.3元/kWh不等的电价补贴和0.5元/m^3～1.5元/m^3不等的天然气价格补贴。例如，北京市为每个“煤改电”采暖用户提供最多1.2万元的补贴，同时提供0.2元/kWh的电采暖补贴（中国煤控项目散煤治理课题组，2017）。

2.2.2 调整产业结构

京津冀地区工业分布密集。2015年京津冀地区生产了全国26%的粗钢和23%的平板玻璃。河北省作为中国钢铁产量最多的省份，仅2017年一年的粗钢产量就达到了1.9亿吨，超过整个欧盟的粗钢总产量。为了缓解京津冀地区的空气污染问题，需要强制淘汰主要能源密集型产业的过剩产能。河北省制定了到2020年将钢铁、水泥和平板玻璃产量分别控制在2亿吨、2亿吨和2亿重量箱以下的生产目标。2017年，河北省的炼钢、炼铁产能由2011年的峰值3.2亿吨、3.17亿吨分别减至2.39亿吨、2.44亿吨（中联钢信，2018）。

为了指导过剩产能的有序退出，政府采取了一系列具体的政策措施，包括严格限制对高污染、高能耗和产能过剩行业的企业提供贷款，强制淘汰落后产能，并设立了专项奖励资金和补偿资金，为淘汰落后产能的企业提供职工安置和产业转型的资金支持（亚洲清洁空气中心，2018a）。

同时，京津冀地区积极培育战略新兴产业，包括但不限于新一代信息技术、生物、高端设备制造、新能源、新材料、新能源汽车、节能环保产业等。预计到2020年，北京市、天津市和河北省的战略新兴产业产值占地区生产总值的比例将分别达到30%、20%和12%。

2.2.3 降低机动车燃油消耗

京津冀地方政府已经采取了多项措施淘汰低能效高污染车辆。北京市和天津市在2015年淘汰了所有黄标车（排放水平低于国一排放标准的汽油车和排放水平低于国三排放标准的柴油车）[①]。河北省也于2017年淘汰了所有黄标车。政府为符合条件的报废车辆的车主提供一定数额的补贴。

同时，政府采取了相关措施推广新能源汽车，新能源汽车的增长量已被列为政府工作目标。北京市和河北省分别计划到2020年将新能源汽车的保有量增加到约40万辆和30万辆，天津市已经制定了2018—2020年每年新增2万辆新能源汽车的目标。政府在公共交通、环卫、邮政和物流领域优先推广新能源汽车的同时，也积极鼓励私人电动汽车的推广。购买私人电动汽车的车主可享受一定补贴。

此外，为了减轻交通拥堵和空气污染，北京市和天津市通过尾号限行等方式限制车辆的运行时间。

2.2.4 京津冀地区的其他措施

除了上述协同措施之外，电力、工业、交通等部门的大气污染物末端排放控制对于改善空气质量也至关重要。京津冀地区收紧了对燃煤锅炉和天然气锅炉末端排

---

① 国家第五阶段机动车污染物排放标准，简称为“国五标准”，国家标准一到五相当于欧洲1—5阶段排放标准。国标6a与欧标6基本一致，但国标6b比欧标6要严格。

放的要求，所有燃煤电厂都已经按照10mg/m^3、35mg/m^3、50mg/m^{3}的PM、SO_2和NO_x排放浓度完成了超低排放升级。一些大型燃煤锅炉也被要求按照燃煤电厂超低排放标准进行改造。天然气锅炉的改造要求为NO_x排放浓度达到30mg/m^3 ~ 80mg/m^3。钢铁行业也采取了相关措施控制末端排放，京津冀地区已经启动了多个钢铁行业超低排放示范项目，在烧结烟气和球团焙烧烟气中，PM、SO_2和NO_x每小时平均排放浓度被分别限制到10mg/m^3、35mg/m^3、50mg/m^3。此外，机动车排放标准的收紧也有效抑制了机动车带来的污染。北京市、天津市和河北省已经于2019年7月起执行国六排放标准。

2.3 城市行动

中国城市积极地探索协同治理措施，北京、深圳等已经取得很大进展。中央政府也正在通过一系列城市试点计划，支持城市层面的创新和行动。

2.3.1 北京的协同治理经验

北京在过去几十年中经历了快速的经济发展。2017年，北京地区生产总值、人口数量和机动车保有量分别是1998年的11.78倍、1.74倍和4.35倍（联合国环境规划署，2019），其中人均地区生产总值已经超过20 000美元、常住人口数量为2 170万、机动车保有量为599万辆。城市经济的快速发展导致了空气质量的恶化。在2013年，北京市PM2.5的年平均浓度为89.5μg/m^3，超过了35μg/m^{3}的国家空气质量标准，远远超过了世界卫生组织制定的10μg/m^{3}的标准。经过严格的污染防治行动，2018年北京市PM2.5的年平均浓度急剧下降到51μg/m^3，相比2013年降低了43%。同时，北京市非常重视CO_2的排放控制，制定了到2020年CO_2排放达峰的目标。

北京市采取了综合的空气污染治理措施。联合国环境规划署在2019年发布了一份报告，评估北京市在2013—2017年间实施的32项关键措施对空气质量改善的贡献。这些措施分为7类，包括：燃煤锅炉整治、民用燃料清洁化、产业结构调整、移动源排放管控、工业提标改造、扬尘综合治理、挥发性有机物治理等（联合国环境规划署，2019），各类措施对减少主要污染物的贡献如图2-1所示。结果表明，燃煤锅炉整治是减少SO_2排放的最主要因素，同时也是减少NO_X和一次PM2.5排放的主要因素；民用燃料清洁化有助于减少大部分的一次PM2.5排放，并且是减少SO_2排放的主要因素；管控移动源排放是减少NO_X排放的最主要因素，也是减少VOC_S排放的主要因素。

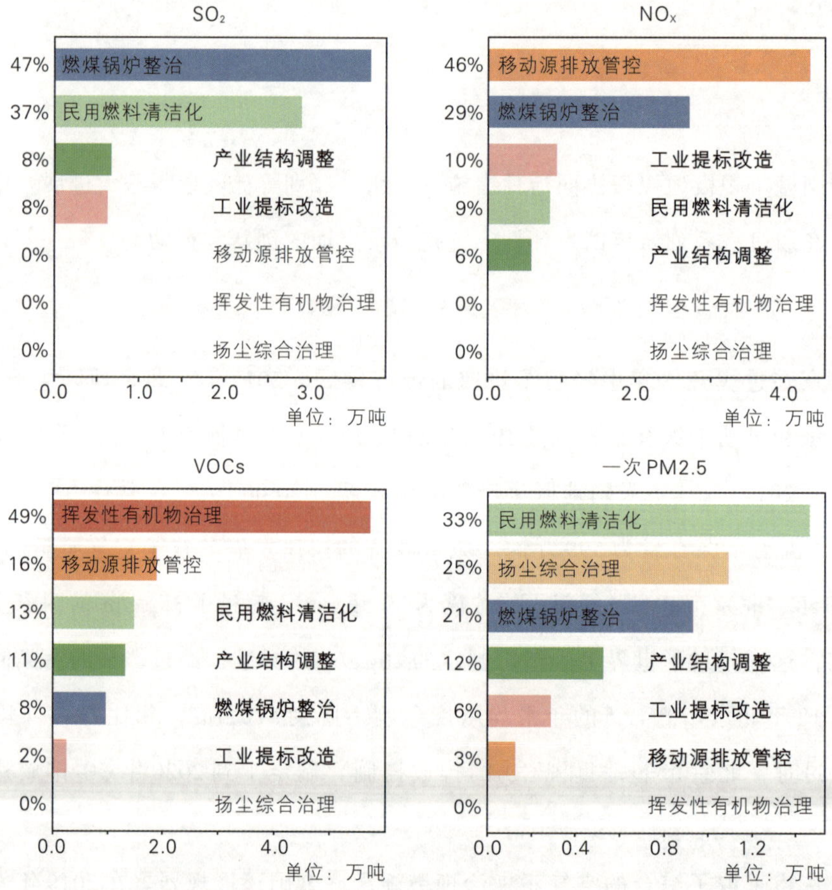

图2-1　北京地区2013—2017年间不同措施对于降低主要污染物排放的贡献

资料来源：联合国环境规划署，2019。

燃煤曾是北京市空气污染的主要来源。2014年发布的北京市PM2.5来源解析研究成果显示，燃煤占本地污染贡献的22.4%（北京市生态环境局，2014）。北京市采取了有力的措施削减燃煤消费，例如关停燃煤电厂和燃煤锅炉，实施“煤改电”和“煤改气”项目。到2017年，北京市已经关停所有主要的燃煤电厂，淘汰了10蒸吨及以下的燃煤锅炉，以及城市建成区35蒸吨及以下的燃煤锅炉。结果显示，北京市煤炭消费量已经从2010年的1 880万吨标准煤降低到2017年的400万吨标准煤，仅占北京市能源消费总量的6%左右（如图2-2所示）。根据2018年发布的北京市PM2.5来源解析研究，2017年燃煤占本地排放贡献的比例已经下降到约3%，这意味着燃煤已经不再是北京市PM2.5污染的主要来源（北京市生态环境局，2018）。

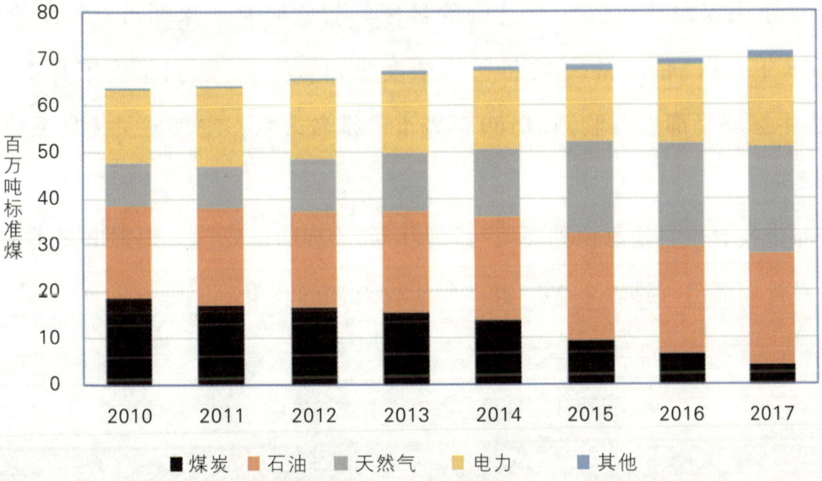

图2-2　2010—2017年北京各类能源消费量

资料来源：北京市发展和改革委员会，2018。

注：电力指净进口电量与区域内非化石燃料发电量总和。

2.3.2　深圳的协同治理经验

深圳位于粤港澳大湾区的珠江口东岸，是中国的一线城市之一，人口密度高，经济和社会活动活跃。深圳的地区生产总值在2008—2018年期间几乎增长了近2倍，达到了约2.4万亿元，首次超过了香港（深圳市统计局，2019）。

过去10年，深圳坚持转型升级、质量引领、创新驱动、绿色低碳的发展战略。2010—2013年期间，深圳地区生产总值保持在10%以上的年增长速度，2014—2017年年均增速维持在8%以上，战略性新兴产业年增长速度为全市生产总值增长速度的2倍以上。“十二五”期间淘汰、转型低端企业超过1.7万家，高端制造、智能制造、服务制造、绿色制造相关产业发展迅速。万元GDP能耗强度由2010年的0.51吨标准煤/万元下降至2017年的0.38吨标准煤/万元，下降幅度达25.5%；万元GDP碳排放强度由2010年的0.87吨CO_2当量/万元下降至2015年的0.64吨CO_2当量/万元，下降幅度超过26%。2015年深圳市提出要在2022年左右达到碳排放峰值，远早于国家预计在2030年达峰的目标。与此同时，深圳市空气质量显著提升。2018年，深圳市PM2.5的年平均浓度为26μg/m^3，达到了国家标准（35μg/m^3），在生态环境部重点监测的169个城市中排名第六，空气质量优良天数比例达到了94.5%。

深圳市政府很早就意识到环境与气候协同治理的重要性，识别出交通和电力是两个主要排放部门（见表2-2），并实施了针对性的政策。

表2-2　　2018年深圳市CO_2和PM2.5主要排放来源

部门	CO_2排放（%）	PM2.5排放（%）
道路交通	49	41
非道路交通	12	11
电力和热力	23	8
非能源行业	3	15
其他	13	25

资料来源：徐路易，2019。

2013年8月，深圳市宣布原则上不再新建燃煤电厂。目前全市仅余一家燃煤电厂，而且其发电量也在迅速缩减。天然气和可再生能源发电作为燃煤发电的替代品，占全市总发电量的约90%。深圳市已建成垃圾焚烧发电厂6座，垃圾焚烧发电量居全国大中城市前列。分布式能源的快速发展也正在推动深圳实现低碳电力。深圳市积极推动新能源汽车、公共交通和快速公交的发展，以实现绿色、低碳转型。目前深圳市已累计推广新能源汽车7.2万辆，是全球新能源汽车推广规模最大的城市之一；截至2017年，全市共有电动公交车16 359辆，公交充电站510座，充电桩约5 000个（深圳市交通运输局，2017）。2019年，深圳又进一步实现了出租车的纯电动化。

深圳是我国七个碳排放交易试点之一，建立了全国首个碳排放交易市场，碳排放交易体系覆盖了城市碳排放总量的40%，配额累计成交量达1 807万吨、累计成交额达5.96亿元。2013年首批纳入管控的企业数量为635家，2016年管控范围进一步扩展达到881家，是目前覆盖企业数量多、交易活跃、减排效果显著的试点之一。碳市场的建立促进了电力供应的清洁化和低碳化。2013—2017年，深圳市电源结构持续优化，煤电发电量在全市发电总量中的占比由46.5%下降至39.1%，气电由53.7%上升至60.9%；煤电碳排放强度在领先国内同类型机组的基础上进一步下降了2.5%，气电则大幅下降了8.9%，电力部门的碳排放强度整体下降了约10%；煤电不仅碳排放强度显著下降，年度碳排放总量也下降了50万吨左右。同期，碳排放交易体系覆盖的制造业企业平均碳强度由0.43吨CO_2/万元下降至0.29吨CO_2/万元，下降幅度为32.6%。在碳排放交易体系覆盖的制造业行业中，碳排放强度最低的5个子行业（计算机通信及电子设备制造业、医药制造业、机械设备制造业等）增加值占比规模稳步提升，由2013年的88.8%提升至2017年的92.1%，在制造业总产出中占据绝对主导地位；碳排放强度最高的5个子行业（金属表面处理和电镀业、线路板、橡胶和塑料制品业等）增加值占比则显著下降。碳排放管控和更严格的环境标准，加快了落后、低端产能的淘汰或升级。2013—2017年期间管控制造业企业中有20余家低附加值、高能耗、高污染企业关停或转产。

以绿色发展为导向，深圳在碳排放强度大幅下降和空气质量显著改善的同时，实现了更有质量、更具竞争力的经济增长，初步探索出了一条经济社会和生态环境协同共进的可持续发展道路。

2.3.3 国家试点城市

中央政府已经启动了多个试点项目，旨在发展低碳城市，提高城市的可再生能源利用份额，并增强城市抵御洪水和其他气候变化影响的能力。

2.3.3.1 低碳城市试点

国家发展和改革委员会实施的低碳城市试点工作是一项重大举措，该项目在2010年、2012年和2017年启动了三批低碳城市试点，涉及78个城市（国家发展和改革委员会，2010，2017）。低碳城市试点的10个关键任务是：

（1）建立健全低碳发展制度；

（2）推进能源优化利用；

（3）打造低碳产业体系；

（4）推动城乡低碳化建设和管理；

（5）加快低碳技术研发与应用；

（6）形成绿色低碳的生活方式和消费模式；

（7）探索低碳发展的模式创新、制度创新、技术创新和工程创新；

（8）强化基础能力支撑；

（9）开展低碳试点的组织保障工作；

（10）引领和示范全国低碳发展。

三批试点城市的选择，综合考虑了中部、东部和西部不同类型城市的特点，比较看重各地的低碳自主创新（Wang et al.，2013）。例如，甘肃省敦煌市开展了碳中和项目；青海省西宁市探索了居民碳信用体系；陕西省安康市探索了碳汇生态补偿机制和低碳扶贫项目；宁夏回族自治区银川市计划依托其能源化工产业优势，回收余热以供农村住房采暖（见专栏2.1）。在78个低碳试点城市中，有72个宣布其

CO_2排放量将在2020年或2025年左右达峰。2010—2015年期间，所有三批试点城市均实现了CO_2和PM2.5排放量的减少（陈楠，庄贵阳，2018）。

专栏2.1　银川市工业余热回收

在城市房屋中使用回收的余热可以在减少碳排放的同时改善空气质量。宁夏回族自治区计划利用其庞大的宁东能源化工基地，通过“东热西送”工程，将东部余热接入目前正在建设中的西部中央供热管网。该项目“一期”和“二期”工程完成后，预计可以利用宁夏东部发电厂的回收热能服务于银川市超过8 000万平方米的住房以及约150万人口。据估计，该项目将帮助银川市每年减少能耗约130万吨标准煤，降低能源成本5亿元人民币，以及减少CO_2排放量200万吨（银川市发展和改革委员会，2019）。

2.3.3.2　可再生能源示范城市

2030年，中国可再生能源和核能发电量占总发电量的比例将提高到40%以上（Cai et al.，2018）。可再生能源的使用不仅对缓解气候变化至关重要，而且在控制环境污染和保护人类健康方面也将发挥关键作用。为了推广可再生能源，国家能源局批准了第一批89个新能源示范城市（产业园区）（国家能源局，2014），以及一些高比例可再生能源示范县（北极星风力发电网，2016，2018）。示范城市（产业园区）旨在探索可再生能源的创新商业发展模式，强调市场的决定作用，并为各种投资者和购买者提供优惠政策。每个示范城市都有着各自的发展目标和发展路径。山西省大同市在2015年通过发展可再生能源，替代了超过100万吨标准煤的煤炭，建设了分布式光伏发电、大型光伏电站、分散式接入风电、风电规模化开发利用等工程（国家能源局，2014）。建设高比例可再生能源示范县的目的在于探索可再生能源的规模化生产消费模式，为将来全国范围内的高比例可再生能源推广提供经验。国家能源局还计划启动能源革命试点项目，寻求适用于复杂、低碳、安全、高效的能源生产消费的系统性解决方案（第一财经日报，2019）。

2.3.3.3 海绵城市试点

为了控制雨水径流，增强城市防涝能力，减少对生态环境的影响，国务院印发了《关于推进海绵城市建设的指导意见》，并于2015年选择了30个城市作为海绵城市建设试点（国务院办公厅，2015）。2017年，国家发展和改革委员会与住房和城乡建设部又联合发布了《关于印发气候适应型城市建设试点工作的通知》，批准28个地区作为气候适应型城市建设试点（国家发展和改革委员会，住房和城乡建设部，2017）。海绵城市试点工程的主要目的是在考虑整个城市水循环、保障居民和生态用水需求的前提下，探索增强城市抵御洪涝灾害能力的综合性方法（Wang et al.，2018）。近年来，海绵城市建设已经取得了积极的成果。例如，常德市区的穿紫河曾是一条黑臭水体，严重影响两岸约30万居民的生活；自从该市成为海绵试点城市以来，市政府采取了多项综合性措施，包括调整河道，提高蓄水能力，净化雨水管道等，这大大改善了河流的生态环境，提高了周边地区的居住价值（国务院办公厅，2015）。

基于海绵城市试点项目提供的经验，气候适应型城市在建设过程中不仅注重水资源的管理，同时制定了一系列城市基础设施的设计和建设标准，以应对诸如夏季高温、冬季暴风雪、干旱和洪涝等极端天气和气候事件。这些气候适应型城市正在努力建设监测和预警平台以服务于应对气候变化和气象灾害、数据收集和大数据应用；同时建立涉及政府、企业、社区和居民等多个方面的气候适应机制，以加强气候灾害管理，提高城市应急响应能力。安徽省合肥市建立了一个用于气候变化和气象灾害的综合监测预警系统，包含256个监测站，平均站间距离为6.7公里，其三维综合气象灾害监测网络覆盖辖区内所有街道和乡镇。基于气象局的技术和数据支持，新疆石河子市提升了城市规划，实验了棉花生长和桃子质量的实时监测，收集了支持城市发展的环境适应性决策的必要数据（国家发展和改革委员会，住房和城乡建设部，2017）。

2.3.4 城市行动取得的进展

通过区域间协同管理、国家试点计划以及地方政府的政策革新，中国的环境与气候协同治理已经取得了一定进展。一项针对中国286个城市2005—2015年间的数据分析显示，越来越多的城市的碳排放强度和PM2.5浓度呈共同下降的趋势（如图2-3所示）（环境保护部环境规划院气候变化与环境政策研究中心，2018；van Donkelaar et al.，2018）：2000—2005年，72%的城市的碳排放强度和PM2.5浓度呈共同上升的趋势，只有菏泽、铜川和榆林这三个城市呈共同下降的趋势；2005—2010年，有45%的城市实现了碳排放强度和PM2.5浓度同时降低，但有48%的城市在碳排放强度降低的同时，PM2.5的浓度却反而升高了；2010—2015年，碳排放强度和PM2.5浓度同时下降的城市比例升高了13个百分点，达到了58%，但是仍有41%的城市在碳排放强度降低的同时PM2.5浓度升高。这表明需要进一步加大对城市化石燃料消耗和末端污染物排放的控制力度。

2000—2005年地级城市碳强度与年均PM2.5浓度协同减排情况

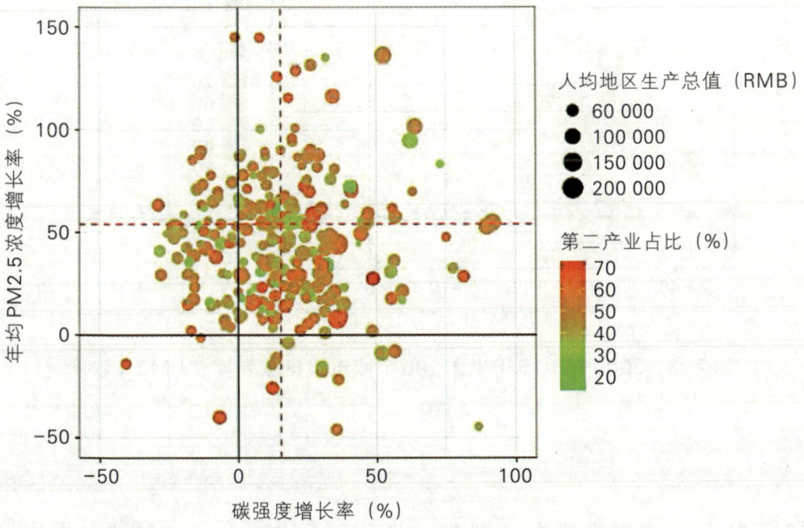

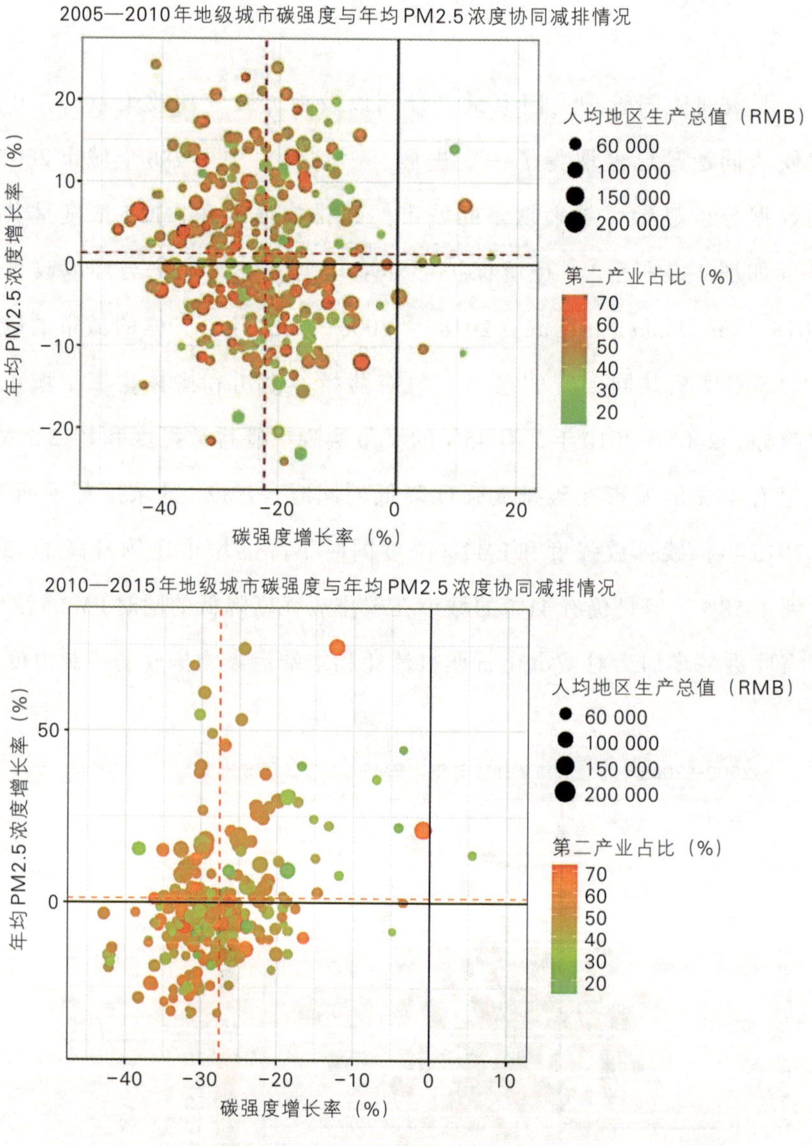

图2-3　2000—2015年中国286个城市碳排放强度和PM2.5浓度

2.4　中国的碳排放交易市场

2011年10月，中国在广东、湖北、北京、天津、上海、深圳、重庆“两省五市”开展了碳排放交易试点工作。自2013年6月以来，这七个试点先后启动交易

(见表2-3)。截至2019年5月，这七个试点市场共覆盖行业20余个，包括电力、水泥、钢铁、化工等行业，重点排放单位近3 000家，累计成交量近5.8亿吨CO_2，累计成交额超过120亿元人民币。

表2-3　　中国七个碳排放交易试点概览

试点省市	开放时间	截至2019年7月31日累计交易量（百万吨）	截至2019年7月31日累计交易额（百万元）
广东省	2013年12月	112.30	1 588.80
湖北省	2014年4月	322.19	7 452.12
北京市	2013年11月	29.69	642.02
重庆市	2014年6月	8.91	32.99
上海市	2013年11月	36.76	443.21
深圳市	2013年6月	62.50	1 795.60
天津市	2013年12月	6.83	89.90

注：包括一级市场交易（定额作用）。

2017年12月，国家发展和改革委员会正式印发了全国碳排放权交易市场建设方案，预计全国范围内将纳入CO_2排放量超过30亿吨，使中国成为世界上最大的碳排放权交易市场。全国碳排放权交易市场以化石能源发电行业作为起点，将逐步推进，分步骤有序纳入其他行业，包括化工、石化、钢铁、有色金属、建材、造纸、航空业等。预计纳入的CO_2排放量占全国总排放量的45%左右。中国试点的实践表明，碳市场具有促进当地经济高质量发展等协同效应。碳市场推动了企业节能减排，增强了低碳转型意识，提高了碳资产管理能力，增加了低碳技术研发和低碳项目投资资金来源，催生了碳核查、碳会计、碳审计、碳资产管理、碳金融、碳交易等新业务和就业岗位。

中国的碳市场试点具有改善生态环境和减少贫困的协同效应。比如湖北省贫困地区农林项目已通过碳市场累计产生收益1 278万元，其中55个户用沼气项目促进了农村能源清洁化；毛竹碳汇项目协助贫困山区实现绿色脱贫。

2.5 部门实践：电力部门

电力部门在中国能源低碳转型中发挥着关键作用。中国拥有全球最大的电力生产部门，2018年全国发电量为6.99万亿kWh，约占全球的1/4。中国约50%左右的煤炭用于发电，电力部门是中国碳排放量最大的部门，2016年电力部门加上供热占中国能源相关碳排放的比例超过40%。需要指出的是，2013—2016年间尽管中国电力生产仍以年均3.6%的速度增长，但是由于清洁电力的迅速增长以及火电机组效率的提高，电力部门的碳排放却呈现下降趋势，在2017年和2018年碳排放虽小幅增长，但其增幅也低于发电量的增速。

电力部门一直是中国节能减排、能源结构优化政策的重点目标部门之一。自“十一五”开始，为应对日益严重的环境问题，中国政府全面实施对节能和环境污染物减排的协同治理。作为节能减排的重点部门，国家发展和改革委员会与国家能源局针对电力部门出台了一系列政策法规，包括《中华人民共和国可再生能源法》《可再生能源发展中长期规划》《关于加快关停小火电机组的若干意见的通知》等。另外，在环境污染物减排方面，从1991年开始，环境部门就开始积极推进并不断提高火电机组的污染物排放标准，2014年开始在燃煤发电行业推行超低排放标准（即在基准氧含量6%的条件下，烟尘、SO_2、NOx排放的浓度分别不高于10mg/m^3、35mg/m^3、50mg/m^3），该标准已经接近燃气发电排放标准，并使所有现役电厂平均煤耗低于310gce/kWh、新建电厂的平均煤耗低于300gce/kWh。

在各类政策措施的推动下，电力部门节能减排取得了显著的效果，并带来了减少CO_2排放的显著效益。根据中国电力企业联合会（中电联）的测算，电力部门排放的SO_2占全国SO_2排放的比例从2005年的51%下降至2016年的9.7%，电力排放的NO_x占全国NO_x排放的比例从2005年的54.9%下降至2016年的8.7%。从单位火电发电量污染物排放量来看，2016年烟尘、SO_2和NOx的排放量分别为0.06g/kWh、0.26g/kWh和0.25g/kWh，已经接近燃气机组排放水平（中国电力企业联合会，2017）。同时，这些措施也有效地减缓了电力部门CO_2排放量的增长：以2005年为基准年，2006—2018年电力部门累计减少CO_2排放约137亿吨，其中供电煤耗降低（提高能效）的贡献率为44%，非化石能源发展（改善能源结构）的贡献率为54%（中国电力企业联合会，2018）。目前，电力部门通过传统节能和提高能效技术手段降低CO_2排放的空间已经不大，而电力部门的工作重点也正在从煤电常规污染物控制、能效控制转变到CO_2排放控制的路径上来（王志轩，2019）。

源头控制、提升能效和系统优化措施具有显著减少CO_2排放的协同效应，而末端治理措施，例如安装脱硫脱硝装置，却不具备正向协同效应，甚至会产生负向协同效应。研究发现，采用更加严格的燃煤电厂和钢铁厂削减SO_2排放措施，虽然能够显著地减少环境污染物的排放，但是由于增加了电厂的用电量和钢铁厂的用煤量，会在一定程度上造成CO_2排放的增加（顾阿伦等，2016）。因此，需要对政策可能产生的影响进行多领域评估，寻求具有更好的协同效应的政策。表2-4展示了相关研究中证明的电力部门切实可行的具有环境与气候协同效应的政策措施。

中国政府采取的环境和气候协同治理的政策措施包括：

推进非化石能源开发：2006年出台的《中华人民共和国可再生能源法》和上网电价政策极大地促进了可再生能源的大规模开发利用，核电行业则致力于核电技术的引进、吸收和自主研发。受益于一系列鼓励非化石能源的政策，中国非化石能源发电机组装机容量占电力部门总装机容量的比例从2005年的24.3%上升至2018年的40.8%，非化石能源发电量占电力部门总发电量的比例从2005年的18.1%增加至2018年的30.9%；火电装机容量占比从2005年的75.7%下降到2018年的59.2%，火电发电量占比从2005年的81.9%下降到2018年的69.1%。

表2-4 电力部门具有环境与气候协同效应的措施

类别	政策措施
碳排放总量控制	碳市场
源端控制	改善电源结构，鼓励可再生能源和核电开发
	煤炭燃烧前处理（洗煤）
	鼓励各省增加清洁能源输入
	优化煤电机组结构：建设大容量高参数机组，关停小火电
	推广热电联产机组
能效提升	推广先进技术
	推行节能技术改造
	资源循环利用（例如废热利用）
系统优化	燃煤电厂灵活性改造，智能调度
	优化过程管理和信息管理

资料来源：顾阿伦等，2016；王志轩，2015；Wang等，2015；侯建朝，史丹，2014；毛显强等，2012。

优化火电机组结构：2005年，中国单机容量10万kW及以下的小火电机组共1.15亿kW，占火电装机容量的29.4%，小火电机组的SO_2和烟尘排放量分别占电力部门总排放量的35%和52%。中国政府决定建设大容量、高参数机组，并逐渐关停服役期满的10万kW以下的常规小煤电机组。2007年国务院批转《关于加快关停小火电机组的若干意见的通知》，强力启动关停小火电机组工作。截至2016年年底，中国累计关停小火电机组达到1.1亿kW，相当于德国装机容量的1.2倍。另外，新建机组的容量和性能都在不断提高，截至2018年年底，30万kW及以上火电机组占比已达到80.1%（中国电力企业联合会，2018）。

推广热电联产机组：热电联产机组的热效率显著高于一般工业锅炉和供热锅炉。中国热电联产项目最早出现在一些北方大型城市，主要集中在工业领域，后来逐渐发展到为北方居民集中供暖。为解决我国北方地区冬季供暖期空气污染严重的问题，2016年和2017年国家发展和改革委员会等多部委先后出台《热电联产管理办法》和《北方地区冬季清洁取暖规划（2017—2021年）》，提出用热电联产等清洁供暖措施替代散烧煤和低效小锅炉，提高北方地区清洁取暖率的具体目标。截至2018年年底，热电联产机组占火电机组的比例达到43.6%，而2005年这一数据仅为17.8%（王志轩，2019）。

鼓励节能技术改造：设立节能技术改造专项基金，鼓励节能技术改造和节能服务行业发展。对现役机组开展汽轮机通流改造、泵与风机变频改造、微油点火、等离子点火等节能技术改造，持续降低机组能耗（王志轩，2015）。2006—2014年，工业领域仅中央财政投入的节能技改资金就达到572.1亿元（约合85亿美元），有效地撬动了全社会投资①。

参考文献

Cai W., Hui J., Wang C., Zheng Y., Zhang X., Zhang Q.and Gong, P.2018.The Lancet countdown on PM2.5 pollution-related health impacts of China's projected carbon dioxide mitigation in the electric power genteration sector under the Paris Agreement: a modelling study. The *Lancet Planetary Health* 2 (4), pp.151-161.

Health Effects Institute.2019.State of Global Air 2019.https://www.stateofglobalair.org (accessed 29

① 根据《中国低碳发展报告》和2013—2015年《中国应对气候变化的政策与行动》的相关数据整理。

August 2019).

van Donkelaar, A., Martin, R.V., Brauer, M., Hsu, N.C., Kahn, R.A., Levy, R.C., Lyapustin, A., Sayer, A.M.and Winker, D.M.2018.Global Annual PM 2.5 Grids from MODIS, MISR and SeaWiFS Aerosol Optical Depth (AOD) with GWR, 1998-2016.NASA Socioeconomic Data and Applications Center (SEDAC). https://doi.org/10.7927/H4ZK5DQS (accessed 27 August 2019).

Wang C., Guan D., Cai W.2019.Grand Challenges Cannot Be Treated in Isolation.One Earth 1 (1), pp., 24-26.

Wang C., Lin J., Cai W.and Zhang, Z.2013.Policies and practices of low carbon city development in China.*Energy & Environment* 24 (7&8), pp.1347-1372.

Wang C., Yang Y., Zhang J.2015.China's sectoral strategies in energy conservation and carbon mitigation.*Climate Policy* S1, pp.S60 S80.

Wang H., Mei C., Liu J.and Shao W.2018.A new strategy for integrated urban water management in China: Sponge city.*Science China Technological Sciences* 61 (3), pp.317-329.

北极星风力发电网．能源局支持安徽建国家高比例可再生能源示范县［EB/OL］.（2016-01-18）［2020-05-28］．http://news.bjx.com.cn/html/20160118/702244.shtml.

北极星风力发电网．江苏金湖县创建国家高比例可再生能源示范县工作方案：到2020年光伏装机500MW以上［EB/OL］.（2018-08-20）［2020-05-28］．http://guangfu.bjx.com.cn/news/20180820/922052.shtml.

北京市发展和改革委员会，北京市统计局，北京市城市管理委员会，北京节能环保中心．北京能源发展研究报告2018［R］．北京：北京市发展和改革委员会，北京市统计局，北京市城市管理委员会，北京节能环保中心，2018.

北京市生态环境局．北京市正式发布PM2.5来源解析研究成果［EB/OL］.（2014-04-16）［2020-05-28］．http://sthjj.beijing.gov.cn/bjhrb/index/xxgk69/zfxxgk43/fdzdgknr2/xwfb/607219/index.html.

北京市生态环境局．最新科研成果新一轮北京市PM2.5来源解析正式发布［EB/OL］.（2018-05-14）［2020-05-28］．http://sthjj.beijing.gov.cn/bjhrb/index/xxgk69/zfxxgk43/fdzdgknr2/xwfb/832588/index.html.

蔡博峰．中国城市温室气体排放（2015年）［M］．北京：中国环境出版集团，2019.

陈楠，庄贵阳．中国低碳试点城市成效评估［J］．城市发展研究，2018，25（10）：88-95.

第一财经日报. 中央推出能源革命综合改革试点，山西因何入选？[EB/OL].（2019-05-30）[2020-05-28]. http：//www.sohu.com/a/317491988_114986.

顾阿伦，滕飞，冯相昭. 主要部门污染物控制政策的温室气体协同效果分析与评价 [J]. 中国人口·资源与环境，2016，26（2）：10-17.

国家发展和改革委员会. 关于开展低碳省区和低碳城市试点工作的通知 [EB/OL].（2010-08-10）[2020-05-28]. http：//www.gov.cn/zwgk/2010-08/10/content_1675733.htm.

国家发展和改革委员会. 关于开展第三批国家低碳城市试点工作的通知 [EB/OL].（2017-01-24）[2020-05-28]. http：//www.gov.cn/xinwen/2017-01/24/content_5162933.htm.

国家发展和改革委员会，住房和城乡建设部. 关于印发气候适应型城市建设试点工作的通知 [EB/OL].（2017-02-25）[2020-05-28]. http：//www.gov.cn/xinwen/2017-02/25/content_5170863.htm#1.

国家能源局. 国家能源局关于公布创建新能源示范城市（产业园区）名单（第一批）的通知 [EB/OL].（2014-01-08）[2020-05-28]. http：//zfxxgk.nea.gov.cn/auto87/201402/t20140212_1762.htm.\

国家统计局. 国家数据 [DB/OL]. [2020-05-28]. https：//data.stats.gov.cn/？cn=C01.

国家统计局. 沧桑巨变七十载 民族复兴铸辉煌——新中国成立70周年经济社会发展成就系列报告之一 [EB/OL].（2019-07-01）[2020-05-28]. http：//www.stats.gov.cn/ztjc/zthd/bwcxljsm/70znxc/201907/t20190701_1673373.html.

国家统计局能源统计司. 中国能源统计年鉴2017 [M]. 北京：中国统计出版社，2018.

国务院办公厅. 关于推进海绵城市建设的指导意见 [EB/OL].（2015-10-16）[2020-05-28]. http：//www.gov.cn/zhengce/content/2015-10/16/content_10228.htm.

侯建朝，史丹. 中国电力行业碳排放变化的驱动因素研究 [J]. 中国工业经济，2014（6）：44-56.

环境保护部. 2015中国环境状况公报 [EB/OL].（2016-06-01）[2020-05-28]. http：//www.cnemc.cn/jcbg/zghjzkgb/201706/W020181008686115965643.pdf.

环境保护部，国家发展和改革委员会，工业和信息化部，财政部，住房和城乡建设部，国家能源局. 京津冀及周边地区落实大气污染防治行动计划实施细则 [EB/OL].（2013-09-17）[2020-05-28]. http：//www.mee.gov.cn/gkml/hbb/bwj/201309/t20130918_260414.htm.

联合国环境署. 2019，北京二十年大气污染治理历程与展望 [EB/OL].（2019-03-09）[2020-05-28]. https：//www.unenvironment.org/resources/report/review-20-years-air-pollution-control-beijing

毛显强，邢有凯，胡涛，曾桉，刘胜强. 中国电力行业硫、氮、碳协同减排的环境经济路径分析 [J]. 中国环境科学，2012 (4)：748-756.

全国人民代表大会，2006. 中华人民共和国国民经济和社会发展第十一个五年规划纲要 [EB/OL]. (2006-03-14) [2020-05-28] http：//www.gov.cn/gongbao/content/2006/content_268766.htm.

深圳市交通运输局. 深圳推广纯电动公交车16359辆专营公交车实现纯电动化 [EB/OL]. (2017-12-28) [2020-05-28]. http：//jtys.sz.gov.cn/zwgk/jtzx/gzdt/content/post_4317315.html.

深圳市统计局. 深圳市2018年国民经济和社会发展统计公报 [EB/OL]. (2019-04-19) [2020-05-28]. http：//www.sz.gov.cn/zwgk/zfxxgk/zfwj/bmgfxwj/content/post_6579875.html.

生态环境部. 2018中国生态环境状况公报 [EB/OL]. (2019-05-29) [2020-05-28]. http：//www.mee.gov.cn/hjzl/zghjzkgb/lnzghjzkgb/201905/P020190619587632630618.pdf.

王金南，万军，王倩，苏洁琼，杨丽阎，肖旸. 改革开放40年与中国生态环境规划发展 [J]. 中国环境管理，2018，10 (06)：5-18.

王志轩. 中国电力低碳发展的现状问题及对策建议 [J]. 中国能源，2015 (7)：5-10.

王志轩. 中国碳市场建设的几个关键问题 [J]. 电力决策与舆情参考，2019 (8)：28-29.

解振华. 中国改革开放 40 年生态环境保护的历史变革——从"三废"治理走向生态文明建设 [J]. 中国环境管理，2019，11 (04)：5-10，16.

徐路易. 治理空气污染和控制碳排放会影响经济发展吗？看看深圳怎么做 [EB/OL]. (2019-06-12) [2020-06-10]. https：//www.thepaper.cn/newsDetail_forward_3650853.

亚洲清洁空气中心，2018a，突破：中国清洁空气之路2013-2017 [EB/OL]. (2018-12-27) [2020-06-10]. http：//www.allaboutair.cn/a/reports/2018/1227/527.html.

亚洲清洁空气中心，2018b，大气中国2018：中国大气污染防治进程 [EB/OL]. (2018-12-27) [2020-06-10]. http：//www.allaboutair.cn/uploads/soft/181227/ChinaAir2018_CN.pdf

银川市发展和改革委员会. 学思践悟提认识 勇毅笃行敢担当 推动银川市发改工作走高质量发展之路 [EB/OL]. (2019-03-19) [2020-05-28]. http：//fgw.yinchuan.gov.cn/fzgggz/hgjj/201903/t20190319_1319831.htm.

中国电力企业联合会. 中国煤电清洁发展报告 [M]. 北京：中国电力出版社，2017.

中国电力企业联合会. 中国电力行业年度发展报告 2018 [EB/OL]. (2018-08-14) [2020-05-28]. http：//www.cec.org.cn/zhuanti/2018nianzhuanti/zhongdianlianfabu2018nianniandu xiliefazhanbaogao/

2018-08-14/183693.html.

中国煤控项目散煤治理课题组. 中国散煤综合治理调研报告2017 [EB/OL]. (2017-11-30) [2020-05-28]. http://coalcap.nrdc.cn/pdfviewer/web/?1518077275143751867\2.pdf.

中联钢信. 河北省钢铁行业去产能工作方案(2018—2020年)[EB/OL]. (2018-07-05) [2020-05-28]. http://www.sohu.com/a/239403485_100142901.

第3章 未来发展战略

3.1 前言

2012年，中国共产党第十八次全国代表大会提出，要把建设生态文明作为党的政治思想中心，提出建设“美丽中国”的愿景。当前“美丽中国”的愿景已全面融入到经济、政治、文化和社会建设的方方面面。“美丽中国”的愿景目标纳入了国家“十三五”发展规划当中，要在实现其他社会经济发展目标的同时更好地实践生态环境保护。2017年，中国共产党第十九次全国代表大会提出了2035年和2050年“两步走”发展战略：在2035年要达到生态环境根本好转，“美丽中国”目标基本实现；到2050年要建成社会主义现代化强国，生态文明全面提升，美丽中国全面建成。

中国统筹应对气候变化和保护环境工作，努力早日实现“美丽中国”目标。本书第2章详细介绍了中国在环境保护与气候治理方面的整体工作和所取得的工作进展。截至目前，中国在保护环境和应对气候变化二者的协同治理方面已经取得了显著的成绩，但面临的挑战仍然十分严峻，实现“美丽中国”的愿景目标仍将需要付出巨大努力。随着化石能源消费的增长，中国已是世界上最大的温室气体排放国，尽管2017年全国人口加权PM2.5的平均浓度降至53μg/m^3，但仍远高于世界卫生组织（WHO）的指导标准。本章将重点介绍中国未来中长期空气质量和应对气候变化的目标、政策和实践，以及发挥二者协同效应以实现“美丽中国”的愿景目标。

3.2 中国中长期清洁空气发展目标

3.2.1 中国空气质量标准的演变

中国环境空气质量标准的修订（如图3-1所示）。1979年中国颁布了第一部

《中华人民共和国环境保护法》（试行），随后1982年颁布了首个环境空气质量标准《大气环境质量标准》（GB 3095-82），1996年进行了第一次修订（《环境空气质量标准》（GB 3095-1996）），并于2000年发布了《〈环境空气质量标准〉（GB 3095-1996）修改单》（环发〔2000〕1号）。之后经过多番论证和意见征求，在2012年再次修订发布了《环境空气质量标准》（GB 3095-2012）。空气质量标准不断修订的过程体现了中国环境政策与社会经济发展之间的协调统一。

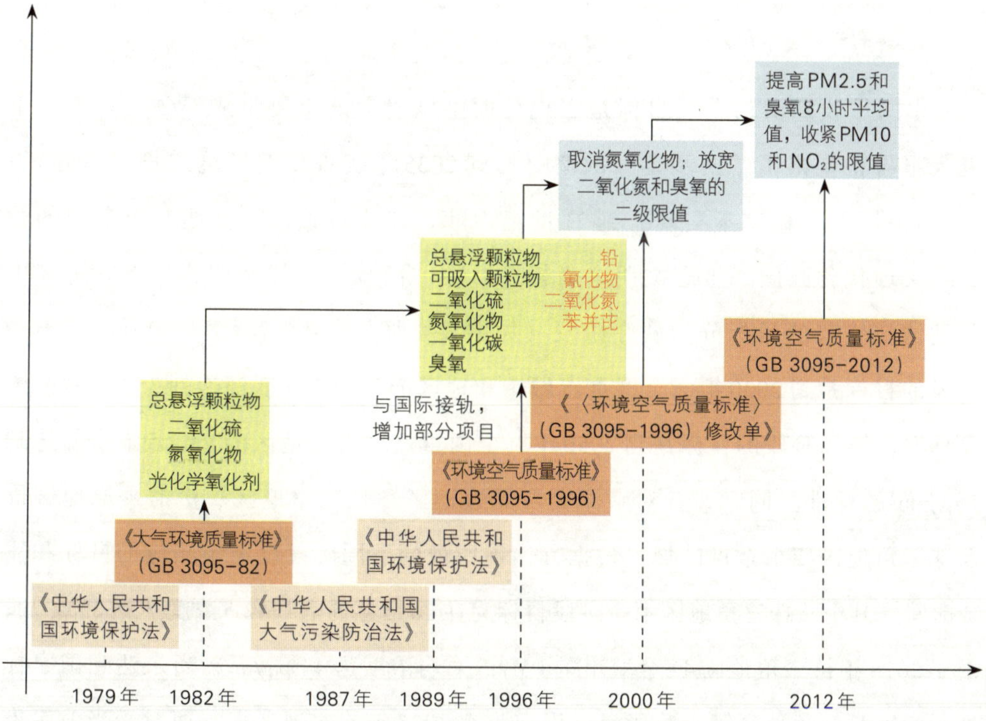

图3-1　中国空气质量标准变革历程

资料来源：根据相关法规和环境质量标准整理。

中国环境空气质量标准的修订历程反映了大气污染治理重点的转变，逐渐从对颗粒物、二氧化硫、氮氧化物的治理转移到了对PM2.5和臭氧的治理。1982年的《大气环境质量标准》（GB 3095-82）仅涵盖了总悬浮颗粒物（TSP）、二氧化硫（SO_2）、氮氧化物（NO_x）和光化学氧化剂。在1996年的标准中纳入了更多的污染物，包括直径小于等于10微米的细颗粒物（PM10）、臭氧（O_3）和二氧化氮（NO_2）。在2012年的标准中又新增了直径小于等于2.5微米的可吸入颗粒物（PM2.5）和臭氧的8小时平均浓度限值。中国在环境空气质量标准修订过程中充分借鉴了美国、欧盟、WHO等发达国家、地区和国际组织的优良经验，既符合中国当前的经济发展水平以及大气环境污染特征，又实现了与国际标准的接轨。

3.2.2 中国中长期清洁空气目标

中国中长期清洁空气目标是实现美丽中国愿景的重要组成部分。在党的十九大报告中提出了“两步走”战略，即到2035年实现生态环境质量根本好转，“美丽中国”目标基本实现；到21世纪中叶，建成富强民主文明和谐美丽的社会主义现代化强国，生态文明全面提升。在“两步走”战略的背景下，中国中长期清洁空气的目标分为两个阶段（如图3-2所示）（清华大学，2017）：第一阶段的目标是到2030年，全国重点城市和地区的PM2.5浓度都达到35 $\mu g/m^3$的国家标准；第二阶段的目标是到2050年，全国重点城市和地区的PM2.5浓度都达到15$\mu g/m^3$的标准。同时，针对京津冀及周边地区、长三角地区、汾渭平原地区以及珠三角地区四个重点区域，根据其当前所处的不同阶段设定了相应的目标和完成时间。其中，珠三角地区第一阶段目标为在2025年前后PM2.5浓度达到25$\mu g/m^3$；由于2018年长三角地区41个城市的PM2.5平均浓度为44 $\mu g/m^3$，尚未达到国家标准，所以长三角地区第一阶段目标设定为在2025年前实现达标；而对于当前污染比较严重的汾渭平原（2018年PM2.5平均浓度为58$\mu g/m^3$）和京津冀及周边地区（2018年PM2.5平均浓度为60 $\mu g/m^3$），由于其当前空气质量距离国家标准差距较大，其目标实现时间相应延后，连同其他地区在2030年前后实现PM2.5浓度达标。

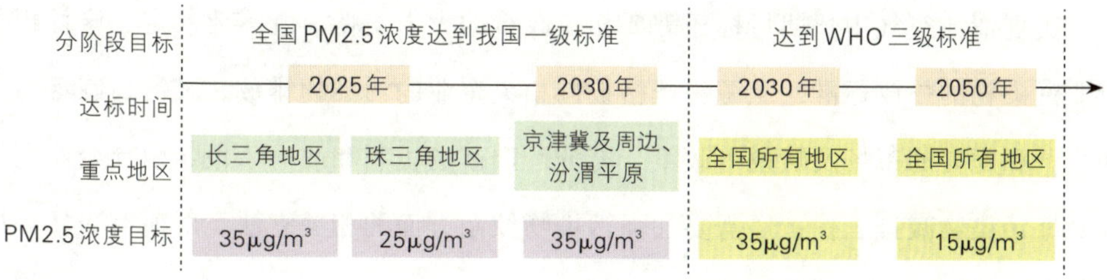

图3-2　中国中长期清洁空气总体目标

中国在“十三五”期间为实现清洁空气目标制定发布了一系列政策，主要包括《大气污染防治行动计划》（国务院，2013年），《打赢蓝天保卫战三年行动计划》（国务院，2017）和《“十三五”节能减排综合工作方案》（国务院，2018）等政策和规划，所采取的具体行动见表3-1。

表3-1　　各部门清洁空气目标下的行动

部门	行动
电力部门	• 控制煤电规模； • 加速发展新能源和可再生能源； • 降低单位发电量的煤耗，增加风电和太阳能发电的装机容量； • 继续推动燃煤电厂向超低排放技术转型。
工业部门	• 调整产业结构，优化产业布局，控制产能过剩产业，淘汰落后产能，改造重污染企业； • 加大对能源密集型产业的研发投入，提高能源效率； • 推动钢铁、水泥等重点行业的脱硫、脱硝和除尘，加强末端处理。
交通部门	• 优化运输结构，将大型货物从公路运输转向铁路运输； • 提高机动车的排放标准； • 推进车辆排放标准的实施和执行； • 加快淘汰排放标准过时的老旧车辆。
民用部门	• 继续推广中国北方地区清洁供暖； • 在农村地区用电力和天然气替代煤炭作为取暖燃料； • 加快城镇集中供热燃煤锅炉改造升级； • 控制来自废弃物和农业的氨排放，以及挥发性有机化合物（VOC）排放。

实现清洁空气中长期目标还需要相应政策的大力支持。既需要制定、修订相关行业污染物的排放标准，从源头严格控制相关企业的污染物排放；又需要制定与之相协调和配套的市场及财税等政策，充分运用市场机制和政府手段，引导企业重视并做好污染物减排工作；还需要加强污染物控制方面的相关立法，对所有破坏环境的行为进行依法严肃处理。

3.3 中国减缓气候变化的承诺与行动

3.3.1 中国减缓气候变化的国际承诺

在2009年哥本哈根举行的第十五次缔约方大会（COP 15）上，中国政府提出了2020年减排目标，即到2020年，GDP的CO_2强度比2005年的水平下降40%~45%，非化石能源在一次能源消费中的比例提高到15%，森林蓄积量比2005年增加13亿立方米。2015年年底巴黎气候大会上达成了《巴黎协定》的共识，中国政府也于2016年正式提交了国家自主决定贡献（NDC）目标。在NDC中，中国承诺到2030年，GDP的CO_2强度将比2005年的水平下降60%~65%，非化石能源在一次能源消费中的比例提高到20%，在2030年左右实现CO_2排放达峰并努力早日达峰。

3.3.2 国内应对气候变化的政策措施及其影响

为全面落实2020年减排承诺，中国政府在其五年发展规划中制定了与减排相关的约束性指标。其中，在“十一五”规划中制定了能源强度降低20%左右的约束性指标，扭转了“十五”期间能源强度快速上升的趋势；在“十二五”和“十三五”规划中进一步设定了将能源强度分别下降16%和15%、GDP的二氧化碳强度分别下降17%和18%的约束性指标。

截至2018年年底，中国GDP的CO_2强度比2005年下降幅度超过了2009年哥本哈根气候大会上承诺的45%的上限目标，非化石能源在中国一次能源中所占比例也达到14.3%。按照当前的发展趋势测算，到2020年，GDP的CO_2强度预计将比2005年下降幅度超过50%，非化石能源在国家一次能源消费中的份额也有望提升到15%以上，超过中国在COP15大会上所做的减排承诺。

2020年前的减排成绩将为中国进一步落实和实施2030年国家自主决定贡献目标奠定坚实的基础。根据最新研究（Wang & He，2019），基于中国经济增长和能源结构优化的预期，2030年中国GDP的CO_2强度将比2005年下降65%以上，CO_2排放峰值也有望在2030年之前出现。上述的研究结论基于的假设条件包括：到2030年，GDP年均增长率将回落到5.0%左右，能源强度的年下降率将维持在3.0%~3.5%，届时煤炭、石油、天然气和非化石能源在中国一次能源消费中所占的比例将分别达到46%、15%、17%和22%。如果经济增速回落更快，或者能源结构低碳化的进程更为显著，CO_2排放的峰值水平也将更低。通过“十四五”和“十五五”规划的积极部署，中国有能力超额完成既定的NDC目标，并有可能进一步强化和更新2030年国家自主决定贡献目标。

到2020年年底，中国将全面制定和提出面向本世纪中叶深度脱碳的低排放发展战略。制定中长期温室气体低排放发展战略，不仅是中国践行减缓全球气候变暖的主动出击，同时也是国内资源环境约束下的战略选择。在长期低排放发展战略的指导下，中国将避免高碳基础设施的锁定效应；加快建设清洁低碳的能源体系；促进氢能、储能、智能电网、CO_2捕获和封存等先进技术的研发和产业化；倡导低碳的消费模式和生活方式。

3.4　中国协同治理的中长期战略

中国中长期气候和环境的协同治理可以带来巨大的协同效应。从历史上看，全球和中国的空气污染控制政策主要集中在对污染物的末端控制。但是，末端控制措施通常不能减少温室气体的排放，在某些情况下甚至会增加温室气体的排放。同时，随着大气污染治理的不断推进，末端污染治理所能发挥的作用也将越来越小。

减缓气候变化的政策通常着重于对能源结构、运输结构和工业结构的调整，例如用可再生能源发电来代替化石能源发电。这样的结构性转变对于实现长期气候目标是必要的，并且也可以带来空气污染物减排的协同效应。因此，能源结构、运输结构和工业结构的优化将是协同减排的重要着力点。但是，诸如此类的结构调整往往需要数年甚至数十年的时间，因此短期内对减少空气污染的效果并不显著。

中国中长期环境和气候协同治理可带来显著的协同效应。若以环境质量改善为目标，采取排放控制政策，使中国在2015—2050年期间实现SO_2和NO_x每5年减排8%和10%，那么到2050年可以累积实现协同减少CO_2排放最高达200亿吨（Nam et al.，2013）。若中国2030年全面实现国家自主贡献中的各项目标，届时的SO_2、NO_X和PM2.5排放也将比2010年分别降低78.85%、77.56%和83.32%（Yang et al.，2017）。碳定价这类经济政策可以通过市场的作用对减少能源消费、促进技术升级产生积极反馈，带来污染物的协同减排。2015— 2030年期间，在碳定价的作用下中国CO_2排放强度可实现年均4%的下降，到2030年与无碳定价情景相比，可以实现SO_2减排25%，NO_X减排19%、全国人口加权平均PM2.5浓度下降12%的协同效应，同时可以避免9.4万人的过早死亡（Li et al.，2018）。

为了实现中长期的协同治理，需要综合考虑清洁空气目标和碳减排目标的时间表，结合中国的国情和发展阶段特征，提出综合治理的总体规划。当前，需在落实《打赢蓝天保卫战三年行动计划》和《“十三五”节能减排综合工作方案》等政策规划基础上，强化各部门节能减排降碳的目标和措施。2030年之前中国大气污染严重、环境治理压力较大，应当以环境治理为抓手，带动碳减排目标的实现；而在2030年之后，随着中国环境问题得到根本改善，中国也要承担与发展阶段相适应的碳减排责任，要以气候治理带动国内环境的进一步改善。总而言之，中长期环境和气候的协同治理的整体路径为“2030年之前蓝天带动低碳，2030年之后低碳带动蓝天”。

3.5 实现中国能源领域的气候与环境协同治理

2018年，中国一次能源消费达到32.5亿吨标准油（toe），其中煤炭、石油和天然气的占比分别为59%、18.9%和7.8%（国家统计局，2019年）。化石能源在中国一次能源消费中占比很大，这也是造成中国包括NO_x、PM2.5和CO_2在内的空气污染物和温室气体排放较高的主要原因，已成为中国环境改善和气候治理的一大挑战。因此，在能源领域开展协同行动将对实现中国的环境目标和气候目标具有重要意义。

3.5.1 能源领域协同治理的当前政策与措施

在中国，化石能源消费已成为大气污染物和温室气体排放的最主要来源。快速的工业化和城市化使得中国能源消费总量从2000年的10.3亿toe迅速增加到2018年的32.5亿toe，年均增长率高达6.6%。中国在“十三五”期间出台了许多政策措施加速能源供给结构和产业结构的优化，要求“2020年非化石能源、天然气和煤炭消费量分别占一次能源消费总量的15%以上、10%以上和58%以下”。

中国GDP的能源强度在2005年达到峰值后，在气候政策的干预下不断呈下降趋势。2005—2017年期间，中国GDP能源强度累积下降了39.6%，年平均下降率达到4.3%。这些成绩与中国不断推进能源效率提升和能源结构优化的努力是分不开的。2008—2018年，全国燃煤发电（含厂用电）的平均效率从345克标准煤每千瓦时（gce/kWh）下降到308克标准煤每千瓦时（gce/kWh），同期天然气和非化石能源在全国能源消费中所占份额分别从2.2%和7.5%提高到7.3%和14.3%，煤炭所占份额也从72%降至59%。

在一系列控制煤炭消费量措施的干预下，中国2005年以来关闭小火电机组带来的煤炭节约量超过9.5亿吨。这也意味着减少了约1 518万吨SO_2排放和超过20亿吨CO_2排放（Yang & Teng，2018）。中国能源转型有效地遏制了能源相关污染物和

CO_2排放的过快增长。

2017年，国家发展和改革委员会编制了《战略性新兴产业重点产品和服务指导目录（2016版）》（国家发展和改革委员会，2017），加速能源结构调整，促进中国战略性新兴产业的稳定增长。从实施效果看，能源与产业结构调整的目标将超额完成。在产业结构调整方面，2017年规模以上工业战略性新兴产业增加值同比增加11%，高技术制造业增加值增长13.4%，占规模以上工业增加值的12.7%。

在提高能效方面，2018年国家发展和改革委员会在《国家重点节能低碳技术推广目录》中公布了13个行业的260项节能技术。2017年国家13个部委联合发布了《循环发展引领行动》，对加快发展循环经济做出指导。交通运输部也在2017年先后发布了《推进交通运输生态文明建设实施方案》和《关于全面深入推进绿色交通发展的意见》，全面推进绿色交通基础设施建设，推广清洁高效的交通装备和运输方式创新。

为加快能源转型，中国自2014年起实施了能源消费革命、能源生产革命、能源技术革命、能源体制革命、全面加强国际能源合作“五位一体”的能源发展战略。通过节约能源、提高效率、建立多种能源供应体系、推进技术创新、促进能源市场的有效竞争、加强国际能源合作，进一步提高公众的节能减排意识，有效遏制能源消费的过快增长。该战略还促进了绿色低碳能源技术的研发、扩散和投资，从而加速了中国能源结构的去碳化。作为能源改革的重要组成部分，提高能效和能源结构的去碳化将共同降低中国的化石燃料消耗，改善中国的空气质量，为建设“美丽中国”，积极参与全球气候治理，履行国际减排承诺奠定坚实的基础。

3.5.2 能源领域协同治理的未来发展

党的十九大报告提出了到2035年基本实现社会主义现代化的目标。届时，环境质量根本好转，“美丽中国”目标基本实现。2035年实现社会主义现代化的目标与《巴黎协定》下落实2030年国家自主决定贡献目标在时间上高度重合。

中国在2016年颁布了《能源生产和消费革命战略（2016—2030年）》，提出中国要在2030年初步构建清洁、低碳、安全、高效的现代能源体系，要以此显著改善生态环境质量，大幅削减各种污染物排放、有效防治水、土、大气污染，促进能源与环境绿色和谐发展。该战略确立了2030年能源消费总量控制在60亿吨标准煤以下、非化石能源发电占总发电量的比例达50%，非化石能源占一次能源消费总量的20%左右，天然气占比达15%左右的能源结构优化目标，实施严格控制和减少煤炭消费总量的目标和措施，确保2030年单位GDP的CO_2强度比2005年下降60% ~ 65%，2030年左右CO_2排放总量达峰并努力早日达峰的NDC目标实现。到2030年水电、风电、太阳能发电装机容量均将超过5亿千瓦，单位GDP的CO_2强度年下降率将提升到5%左右，在保障届时4.0% ~ 5.0% GDP潜在增长率的情况下，实现CO_2排放早日达峰。同时加强化石能源利用的污染防控措施和末端治理手段，我国2030年前后以京津冀为代表的城市和城市群PM2.5浓度具有可行的途径达到35 μg/m^3的现行空气质量标准目标（Tong，Geng，et al.，2019），体现了减排CO_2与改善环境质量的协同对策和协同效应。

党的十九大报告还指出，中国将在2035—2050年实现社会主义现代化建设第二阶段目标，到2050年建成富强、民主、文明、和谐、美丽的社会主义现代化强国。届时人们生活环境全面好转，“美丽中国”全面建成。实现该长期目标与全球努力实现21世纪中叶深度脱碳的目标在时间上一致。

建设绿色、低碳的现代能源体系是实现上述两个长期目标的重要抓手，可在实现空气质量改善和减少温室气体的协同目标方面发挥十分重要的作用。截至目前，中国政府尚未正式颁布面向2050年能源中长期发展规划，但在《能源生产和消费革命战略（2016—2030年）》中勾勒出中国2050年能源改革和低碳发展前景：到2050年中国能源消费将稳定在60亿吨标准煤以下，非化石能源在一次能源消费中的占比份额将超过50%，煤炭占比将降至20%以下。基于此进行粗略测算，2050年的CO_2排放量可比排放峰值减少约50%（何建坤，2018）。目前，为了进一步落实《巴黎协定》提出的努力将全球温升控制在工业革命前的2℃以下，中国正在努力地实施更加严格的脱碳政策，全面推进以新能源和可再生能源为主体的现代化零碳能源体系建设。这也将进一步有效遏制SO_2、NO_X和PM2.5等污染物排放。现代零碳能源体系将是中国2050年PM2.5浓度降至15μg/m^{3}目标的根本性举措（Li et al.，2019）。

3.6 中国终端部门的协同案例

3.6.1 电力部门

在中国，煤电是温室气体和空气污染物的主要来源。电力部门要实现协同治理，主要的措施集中于两个方面：发电结构的优化和发电效率的提升。其中，发电结构的优化主要通过降低煤电的占比，提高可再生能源发电的比例来实现；发电效率的提升要通过煤电机组的升级改造，“上大压小”，淘汰落后小机组，新建大机组持续降低发电煤耗。

在提升发电效率方面，如果中国在2015—2030年采取小型低效火电机组提前淘汰政策（早于正常40年服役寿命），可以使2030年大型机组（600MW）的占比超过80%。相比机组正常40年淘汰的情景，小型低效机组提前淘汰带来的发电效率提升可以实现SO_2减排25%左右，CO_2减排5%左右（Tong et al.，2018）。

在优化发电结构方面，如果到2030年实现非化石能源发电占总发电量中的比例提升到50%，电力结构的优化和发电效率提升可实现单位发电量的CO_2和SO_2比2015年减排1/3左右。而若在2030年实现太阳能光伏发电装机容量达400吉瓦，可以减少全国范围内4.2%的CO_2排放以及避免1.2%的空气污染导致的过早死亡（Yang et al.，2018）。当电力部门中的煤-生物能源气化系统装机容量达410兆瓦，可以实现CO_2减排9.3%，PM2.5减排12%（Lu et al.，2019）。

3.6.2 工业部门

中国的工业部门是能源消耗最多的部门，同时也是能源强度最高的部门。工业部门的协同治理主要包括两方面的措施：一是通过技术升级降低能源需求，二是通过燃料替代提高清洁能源占比。例如在2017年水泥行业能效对比中，能效领跑企业的熟料综合能效达到95.7 kgce/t，提前3年完成《建材工业发展规划（2016—2020年）》中105 kgce/t的指标，体现了较大的能效提升潜力。

研究表明，在2030年钢铁需求量6.4亿吨的情况下，如果废钢的回收率提高50%，则可以回收1.9亿吨废钢，与不采取任何节能措施延续当前发展的基准情景相比，可以实现CO_2减排6 770万吨、SO_2减排11万吨、NO_X减排2万吨、PM10减排3万吨。同时，还可以带来巨大的健康效益和经济效益，包括避免因空气污染导致的28 500 ~ 71 000人的过早死亡，避免经济损失3.86亿 ~ 8.54亿美元（Ma et al.，2016）。

3.6.3 交通部门

近年来，随着汽车保有量的快速增长，特别是城市人口中汽车保有量的增长，汽车运输业的能源消耗迅速增加，导致大量排放空气污染物和温室气体。通过采取能效提升和运输结构优化相结合的方式可以减少交通运输部门的碳排放，减少大气污染物的排放，改善环境质量。在能效提升方面，客运公路运输、货运公路运输、水运、民航、私人交通、铁路和公共交通的单位周转能耗可实现每5年下降3%、7%、6%、4%、1%、0.1%和0.1%。在运输结构优化方面，可减少私人汽车和出租车的使用，促进公共交通发展，提高新能源汽车的使用和铁路电动机车的占比。对以上能效提升和运输结构优化措施的实施效果分析表明，通过提高能效和优化运输结构，到2050年相比基准情景（能效和交通运输结构仍然维持在2010年水平）可以分别实现CO_2减排38%和35%，同时避免12万人和10.2万人因空气污染导致的过早死亡（Liu et al.，2018）。

3.6.4 民用部门

民用部门能源消费中的建筑能源消费对中国环境治理和应对气候变化形成了巨大压力。通过燃料替代解决中国广大农村地区散煤的使用将是民用部门实现环境气候协同治理的关键。对民用部门燃料替代的效益分析显示，用天然气取代所有城市和郊区商业活动中的煤炭的消费，用液化石油气和风力发电取代农村炊事活动中使用的煤和生物质燃料，可以实现巨大的空气和健康改善效益。在2010—2030年期间采取这些替代燃料措施可以将与空气质量相关的过早死亡人数减少4%，室内空气污染的死亡率降低31%（Liu et al.，2018）。

参考文献

Liu，J.，Kiesewetter，G.，Klimont，Z.，Cofala，J.，Heyes，C.，Schöpp，W.，...& Guo，F. 2019. Mitigation pathways of air pollution from residential emissions in the Beijing-Tianjin-Hebei region in China. Environment international，125，236-244.

Liu，L.，Wang，K.，Wang，S.，Zhang，R.，& Tang，X. 2018. Assessing energy consumption，CO_2 and pollutant emissions and health benefits from China's transport sector through 2050.Energy Policy，116，382-396.

Li，M.，Zhang，D.，Li，C.T.，Mulvaney，K.M.，Selin，N.E.，& Karplus，V.J. 2018. Air quality co-benefits of carbon pricing in China. Nature Climate Change，8（5），398-403.

Li，N.，Chen，W.，Rafaj，P.，Kiesewetter，G.，Schöpp，W.，Wang，H.，...& Riahi，K. 2019. Air Quality Improvement Co-benefits of Low-Carbon Pathways toward Well Below the 2° C Climate Target in China. Environmental science & technology，53（10），5576-5584.

Lu，X.，Cao，L.，Wang，H.，Peng，W.，Xing，J.，Wang，S.，...& McElroy，M.B. 2019. Gasification of coal and biomass as a net carbon-negative power source for environment-friendly electricity generation in China. Proceedings of the National Academy of Sciences，116（17），8206-8213.

Ma，D.，Chen，W.，Yin，X.，& Wang，L. 2016. Quantifying the co-benefits of decarbonisation in China's steel sector：an integrated assessment approach. Applied energy，162，1225-1237.

Nam，K.M.，Waugh，C.J.，Paltsev，S.，Reilly，J.M.，& Karplus，V.J. 2013. Carbon co-benefits of tighter SO_2 and NOx regulations in China. Global Environmental Change，23（6），1648-1661.

Tong，D.，Geng，G.，Jiang，K.，Cheng，J.，Zheng，Y.，Hong，C.，...& Lei，Y.2019. Energy and emission pathways towards PM2.5 air quality attainment in the Beijing-Tianjin-Hebei region by 2030. Science of The Total Environment，692，361-370.

Tong，D.，Zhang，Q.，Liu，F.，Geng，G.，Zheng，Y.，Xue，T.，& Yan，L. 2018. Current emissions and future mitigation pathways of coal-fired power plants in China from 2010 to 2030. Environmental science & technology，52（21），12905-12914.

Wang，H.，& He，J. 2019. China's pre-2020 CO_2 emission reduction potential and its influence.Frontiers in Energy，13（3），571-578.

Yang，J.，Li，X.，Peng，W.，Wagner，F.，& Mauzerall，D.L. 2018. Climate，air quality and human health benefits of various solar photovoltaic deployment scenarios in China in 2030. Environmental Research Letters，13（6），064002.

Yang，X.，& Teng，F. 2018. Air quality benefit of China's mitigation target to peak its emission by 2030. Climate Policy，18（1），99-110.

国家统计局. 中国统计摘要2019［M］. 北京：中国统计出版社，2019.

国家发展改革委. 战略性新兴产业重点产品和服务指导目录（2016版）［EB/OL］.（2017-02-13）［2019-08-29］. http：//www.ndrc.gov.cn/gzdt/201702/t20170204_837246.html.

国务院. 国务院关于印发大气污染防治行动计划的通知［EB/OL］.（2013-09-12）［2019-08-29］. http：//www.gov.cn/zwgk/2013-09/12/content_2486773.htm.

国务院. 国务院关于印发“十三五”节能减排综合工作方案的通知［EB/OL］.（2017-01-05）［2019-08-29］. http：//www.ndrc.gov.cn/gzdt/201701/t20170105_834501.html.

国务院. 国务院关于印发打赢蓝天保卫战三年行动计划的通知［EB/OL］.（2018-07-03）［2019-08-29］. http：//www.gov.cn/zhengce/content/2018-07/03/content_5303158.htm.

何建坤. 新时代应对气候变化和低碳发展长期战略的新思考［J］. 武汉大学学报：哲学社会科学版，2018，71（4）：13-21.

清华大学. 中国如何在2030年实现PM2.5空气质量全面达标——基于能源及末端控制情景的数值模拟探讨［EB/OL］.（2017-09-27）［2018-08-29］. http：//www.efchina.org/Reports-zh/report-cemp-20170927-zh.

第4章 国际案例

4.1 引言

本章关注智利、芬兰、挪威、英国、加纳和墨西哥的协同治理案例。在这些案例中，政府对空气、气候和环境污染采取了一体化的解决方案。尽管这些国家处于不同的经济发展阶段，关注点也有所不同，但普遍愿意在气候和空气污染方面采取协同治理的措施和行动。这些国家通过在综合框架下系统评估气候和空气污染的影响，力求统筹实现《2030年可持续发展议程》以及《巴黎协定》的目标。

4.2 案例研究

4.2.1 智利

智利长期以来致力于探索改善国内空气质量并实现国际气候治理目标的一体化政策。2013年，智利加入了气候和清洁空气联盟（CCAC），力求提高应对气候变化与空气质量政策之间的协同度。

20世纪90年代，圣地亚哥首都大区颁布《首都大区污染治理计划》，旨在减少交通运输部门的污染排放（Ministry of Environment of Chile，2014）。该计划通过实施柴油脱硫以及提高车辆排放标准，使得圣地亚哥PM2.5年平均浓度比1992年降低近70%。尽管该计划已取得突出成效，但人口的增长和车辆拥有量的增加意味着该计划必须定期更新，不断提高排放标准，才能维持或加速空气质量的改善。2017年当该计划再度更新时，政府特别关注了改善空气质量所产生的气候协同效应，例如在努力降低PM2.5浓度的同时降低当地较高的黑碳排放量。2017年，智利还出台了一项新的“绿税”，旨在减少主要工业源的温室气体和空气污染物排放（见专栏4.1）。

专栏4.1 智利的绿税

2017年智利政府出台绿税，以减少来自大型排放源及新轻型和中型客运车辆的空气和气候污染物排放（Departamento de Estudios，2018）。智利政府还建立了排放报告和验证机制，包括一系列监管手段和测量协议。对于大型工业排放源，绿税根据颗粒物（PM）、氮氧化物（NOx）、二氧化硫（SO_2）和二氧化碳（CO_2）的年度总排放量收取费用。颗粒物、氮氧化物、二氧化硫的税率基于许多变量，包括每种污染物的局部环境浓度、排放源影响人数及排放影响的社会成本。二氧化碳排放的税收标准定为每吨5美元。

2018年4月绿税涉及的公司为其二氧化碳排放支付了约1.68亿美元的税费，其中79%来自煤炭燃烧。颗粒物、氮氧化物、二氧化硫的排放也带来2 300万美元的税收。

新轻型和中型客运车辆的购置税依据车辆的城市燃油效率及氮氧化物排放量征收。2017年，汽车绿税缴纳额共计0.99亿美元，其中40%来自柴油车，60%来自汽油车。与2015年相比，智利车辆平均氮氧化物排放量下降了10.5%。

2015年智利提交《巴黎协定》的国家自主决定贡献就是一个气候与空气污染协同治理的典型案例。智利认识到，通过将黑碳纳入其2015年国家自主决定贡献中，可以减少短寿命气候污染物排放，获得可持续发展、城市空气质量改善和应对气候变化的多重效益（Government of Chile，2015）。在2015年承诺的基础上，智利将在其最新的2020年国家自主决定贡献中纳入量化的黑碳减排目标。

智利的这些实践表明，协同治理政策已经渗透到各级政府的行动中，有效地影响了国内和国际政策，并且整合了空气污染和气候变化两大阵营的力量。对于智利这类发展需求巨大、空气污染问题严重、温室气体排放相对较低的国家而言，政治、经济和社会问题的优先级变化会极大地影响其国内气候政策。各级政府和相关部委如果能统筹规划气候、空气质量和发展议程，可以有效增强政策的协调性，使其免受政治焦点转移的影响。

4.2.2 芬兰

2016年，芬兰环境研究所（SYKE）对芬兰《国家能源和气候战略》（Ministry of Economic Affairs and Employment of Finland，2017）和《中期气候变化政策规划》（Ministry of Environment of Finland，2017）开展了环境影响评估研究，主要目的是评估两项政策对PM2.5、二氧化氮（NO_2）、氮氧化物（NO_X），非甲烷挥发性有机化合物（$NMVOC_S$）、黑碳（BC）等空气污染物排放的影响，以及PM2.5浓度变化对公众健康的影响。芬兰环境研究所曾在2005年、2008年和2013年开展过类似的环境影响评估。

关于《国家能源和气候战略》，仅有2013年战略纳入了空气污染物减排目标，2016年战略第一次对健康影响进行了详细评估。评估采用“芬兰区域排放情景模型（FRES）”，发现无论是战略还是政策规划，都不会大幅减少国内黑碳排放量（Karvosenoja，2008），而且无论气候政策如何，芬兰黑碳排放量均会从2015年的5 300吨减少至2030年的3 400吨。类似地，这两项政策对于PM2.5暴露所导致的过早死亡也影响不大（如图4-1所示）。

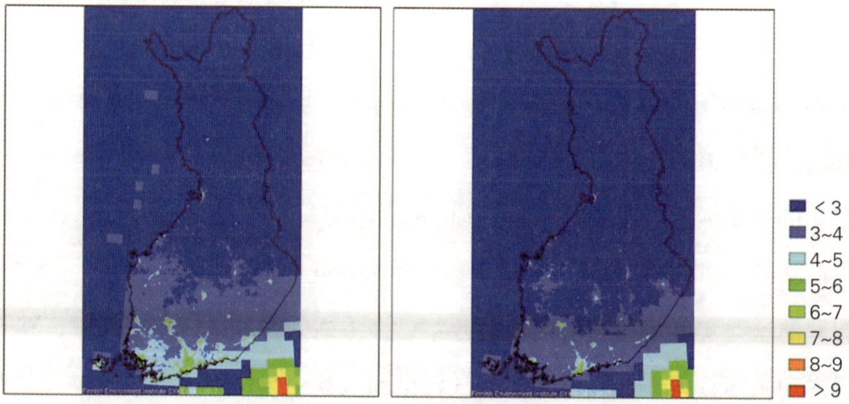

图4-1　基于芬兰国家气候战略和政策规划的健康影响评估：2015年PM2.5浓度（左）和2030年额外气候措施情景（右）

资料来源：Karvosenoja et al.，2017.

然而，该研究确定了住宅木材燃烧是芬兰PM2.5排放的最大来源，也是引起健康问题的最主要原因（见表4-1）。住宅木材燃烧通常被认为是一种气候友好的供暖方法，但是本研究和类似研究发现其负面的健康影响，导致芬兰开始重视对这一排放源的控制。

表4-1　　芬兰PM2.5导致的过早死亡

死亡原因	2015	既有气候措施		额外气候措施*	
		当前人口	2030年预计人口	当前人口	2030年预计人口
能源生产和工业	9	7	8	7	8
小规模燃烧	205	186	208	186	208
公路交通	77	11	13	10	11
机械和越野运输	74	10	12	10	12
交通尘埃	55	58	67	53	61
其他来源	53	55	64	55	64
芬兰来源合计	473	327	372	321	364
远程来源	961	834	931	834	931
总计	1 434	1 161	1 303	1 155	1 295

资料来源：Karvosenoja et al.，2017.

*过早死亡在现行法规与额外措施之间的主要区别是电动汽车和汽油车数量增加、交通方式的变化（例如骑自行车和步行者人数的增加），以及车辆效率的提高。

这项研究结果成为“芬兰国家空气污染控制项目（NAPCP）”的基础。“芬兰国家空气污染控制项目”是芬兰为落实欧盟的国家排放上限指令（指令编号2016/2284/EU）而启动的一项工程。它通过采取一系列措施，以减少住宅木材燃烧排放及其影响（如图4-2所示），具体措施包括通过开展公共宣传活动为居民提供指导，以及为污染区地方官员提供最新指南。同时，芬兰还开始制定排放测量标准，以便为出台木质桑拿炉排放标准提供参考。

该案例研究表明，即使在芬兰这样空气质量相对较好的国家，气候、空气污染和健康影响的综合评估研究也能对公众舆论和政策制定产生重要影响。这项研究在国家气候政策评估中纳入了公众健康影响指标，因而提高了公众意识，改善了芬兰的国家空气污染控制项目。

图 4-2　芬兰的小规模住宅木柴燃烧

图片来源：HSY / Justiina Niemi.

4.2.3　挪威

2013 年，挪威环境署代表环境部发布了一项研究成果，该研究针对挪威短寿命气候污染物，综合评估其减排措施在短期和长期内对气候、健康和环境所产生的影响（Norwegian Environment Agency，2013）。由于短寿命气候污染物对全球气候的影响取决于排放源所在处，挪威环境署利用模型评估了挪威排放量对全球气候的影响。为了评估减排措施的短期成本效益（单位二氧化碳当量减排成本），这项研究采用了全新的气候度量标准“GTP10-Norway”。

研究发现，挪威每吨黑碳排放所产生的气候影响大约是全球平均水平的1.5倍，这主要是由于挪威靠近北极，容易形成冰雪层黑碳沉积（Hodnebrog et al., 2013）。挪威短寿命气候污染物排放的短期气候影响固然很大，但CO_2排放的短期气候影响高于短寿命气候污染物短期气候影响的总和（如图4-3所示）。研究结果还表明，由于PM2.5对城市居民健康的影响，减少挪威的黑碳排放十分重要，且将健康收益纳入评估体系可以大大降低黑碳减排的社会经济成本。

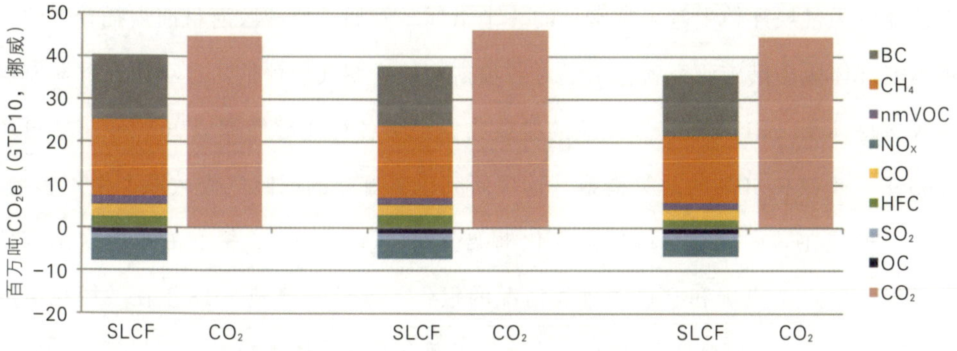

图4-3　挪威短寿命气候污染物排放与CO_2排放对全球气候的影响（2011年、2020年和2030年）

资料来源：Norwegian Environment Agency,2013.

这项研究没有评估温室气体的减排措施。鉴于CO_2具有较大的短期气候影响，研究假设碳减排措施与短寿命气候污染物减排措施具有同等效益。因此，对短寿命气候污染物和长期污染物的综合评估可能有助于全面了解这些措施对气候的净影响以及对健康的影响。

为了进一步说明这一问题，挪威环境署随后开展了几项综合研究，系统评估短寿命气候污染物和温室气体的减排效益。最新研究（Norwegian Environment Agency，2019）发现，甲烷和黑碳减排措施的短期气候影响远大于长期气候影响。评估的具体措施包括减少食物浪费、减少石油生产部门的排放、居民供暖采用更清洁的锅炉设施等。新的道路交通运输措施不会显著减少黑碳排放，因为现有气候和环境政策措施已经有望在2030年之前实现黑碳的近零排放。

气候措施综合评估对研究具有重要短期影响的措施比较有效，但对于实现长期气候目标却收效甚微。如果既要评估短期降低升温速度的措施，又要研究如何实现《巴黎协定》的长期目标，则需要更为全面的评估工具箱。在这种情况下，气候措施综合评估这种类型的分析工具可作为工具箱的一部分。

挪威历年来的温室气体研究都被纳入了健康效益评估。政策措施的短期气候影响已经成为常规评估中越来越常见的一个指标。例如，挪威政府目前委托开展的一项温室气体减排措施研究就包括了对各项措施的短期气候评估。这项研究针对欧盟排放交易体系（EU-ETS）未涵盖的排放物，评估各种能够使挪威2030年排放量比2005年至少减少50%的政策措施。这项研究也对挪威的国际气候政策产生了影响。例如，挪威在其向《联合国气候变化框架公约》（UNFCCC）提交的第七次国家信息通报中加入了黑碳和有机碳排放情况的报告。此外，挪威2018年在“塔拉努阿对话”的文件中，呼吁采用多重效益法分析所有温室气体和短寿命气候污染物的短期和长期气候影响（Government of Norway，2018）。

4.2.4 英国

长期以来，英国的气候政策与空气质量政策整合度不佳，尽管这一情况近年来开始改善。2008年颁布的《气候变化法案》（CCA）规定，2050年英国温室气体排放量要比1990年减少80%（UK Climate Change Act，2008）。同时，英国还受到空气质量法规的约束，尤其是《欧盟空气质量指令》（Directive 2008/50/EC）和《国家排放上限指令》（Directive 2016/2284/EU）。

英国要实现《气候变化法案》所规定的大幅减排，能源和运输基础设施必须进行彻底的改革。尽管这些改革措施中许多可能会带来空气质量和公共卫生的实质性协同收益，但最近一项专门针对《气候变化法案》措施开展的综合评估发现，有些措施可能对空气质量和公共卫生产生重要的负面影响。这项研究模拟了三种未来情景：（i）除了目前商定的第四次碳预算行动之外，不采取其他气候行动；（ii）限制核电建设，将2050年的核电容量上限也设在当前水平；（iii）不设置核电建设的政策上限。

《气候变化法案》的减排目标，情景（i）显然达不到要求。在情景（ii）和情景（iii）中，生物质（木材）使用大幅提升，2035年达到峰值。要想实现《气候变化法案》中的减排目标，所有情景的关键因素都是车辆大量电气化，这可以促使城市二氧化氮浓度大幅降低（见表4-2）。

表4-2　　不同情景下NO_2和PM2.5浓度

	NO_2（$\mu g/m^3$）	PM2.5（$\mu g/m^3$）
2011	9.53~14.4	9.31
2050		
基准情景（i）	6.43~11.25	5.77
核电情景（ii）	2.55~7.08	5.36
低温室气体情景（iii）	1.33~5.65	5.20

资料来源：Williams et al.，2018.

虽然2050年PM2.5总浓度预计会大幅降低，但该研究发现，英国国内小规模木材燃烧的推广会大大增加PM2.5对人类的影响，并在2035年达到峰值。此外，研究发现PM2.5和NO_2排放量的增加对低收入人群的影响最大，并将持续到2050年（Williams et al.，2018）。生物质燃烧可能有益于减少CO_2排放量，但也要关注如何最大限度地减少其对空气质量和健康的不利影响。如果一定要利用生物质，那么最好在发电厂等大型装置中燃烧，这样燃烧效率更高，而且更方便减排技术的应用（如图4-4所示）。

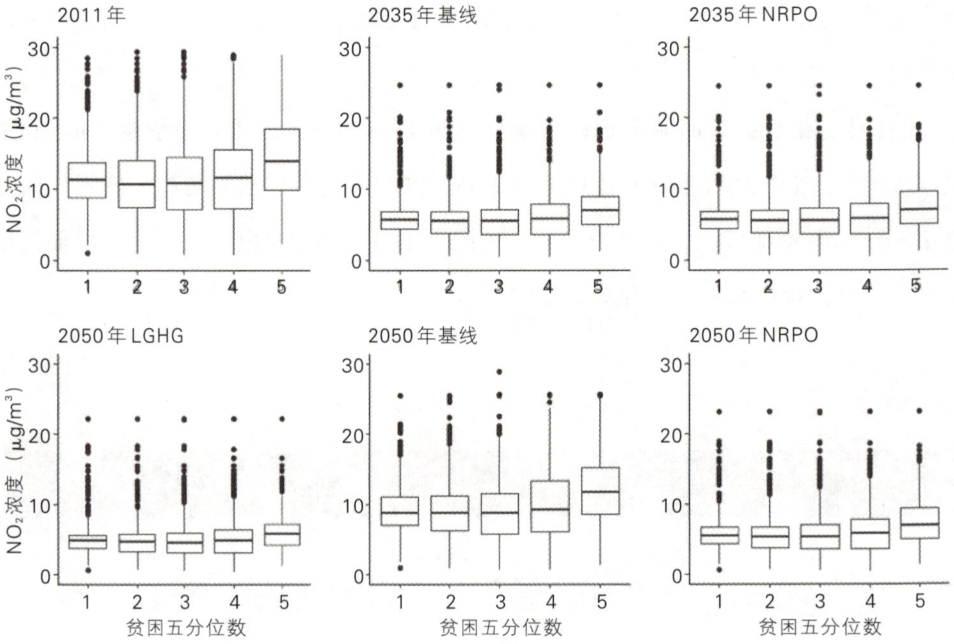

图4-4　2011年二氧化氮浓度分布，2011年基线和其他情景下的Carstairs 2011年贫困五分位数，其中1为最小贫困；5为最大贫困；NRPO为核电情景，LGHG为低温室气体情景

资料来源：Williams et al.，2018.

该研究强调了仔细评估气候减缓政策潜在利弊的必要性，以便在充分知情的前提下确定最佳的政策选择，实现多重效益，特别是对弱势群体的关照。尽管英国过去几乎没有采取过任何措施系统地评估协同效应或避免气候变化和空气污染政策之间的冲突，但目前这一情况正在改善。英国政府于2019年1月发布了《清洁空气战略》（Defra，2019），其中一个战略就是减少家庭生物质燃烧，并进一步整合空气质量和气候变化的相关政策措施。例如，在《巴黎协定》的影响下，2019年英国气候变化委员会发布了一份报告，阐明了实行净零气候政策的理由，强调量化评估更高减排方案的空气污染收益非常重要（UK CCC，2019）。在英国首相特蕾莎·梅（Theresa May）任期的最后几天，英国政府修正了《气候变化法》。修正后的《气候变化法》加大了英国的温室气体减排力度，承诺到2050年CO_2当量净排放减少100%（Climate Change Act Amendment，2019）。

4.2.5 加纳

与其他中低收入国家一样，加纳也正在努力应对各种复杂的社会经济和环境问题。从长远来看，这些发展过程中的问题将随着空气污染和气候变化的加剧而变得更为严峻，对公共卫生和加纳人民总体福祉产生更大的负面影响。加纳的气候变化战略主要体现在其《国家气候变化政策》（NCCP）（MEST of Ghana，2012）和《国家自主决定贡献》（Government of Ghana，2015）中。《国家气候变化政策》和《国家自主决定贡献》的总体目标是使加纳未来发展方向调整到可持续路径，实现经济增长、改善空气质量、减缓气候变化等多重目标。为了继续推进这些政策，加纳建立了协同治理气候变化和空气质量的战略（Government of Ghana，2018）。首先，加纳政府建立了一个跨学科、跨部委的工作组，这个工作组的使命是识别数据来源，并就使用哪些数据库和建模工具进行综合评估达成共识。事实证明，这一步至关重要，因为它促使各方商定了共同的情景和结果，反映了每个部门的政策实施情况，也有利于每个部委后期加快方案的实施并及时通报实施结果。财政部是工作组的重要参与者，因为财政部能够将已确定的减排措施迅速纳入其内外资源调动战略中。

该团队采用“远程能源替代计划综合收益计算器（LEAP-IBC）”模型，评估了所有温室气体和空气污染物的排放量，量化了加纳当前政策对气候变化、空气污染、公共卫生和农业生产的影响，并确定了加纳的政策优先级清单，这些政策用来落实加纳国家自主决定贡献所承诺的减排政策（Government of Ghana，2015）和短寿命气候污染物的相关减排政策（见表4-3）。

表 4-3　　选定的减缓措施

排放情景	描述	减排措施
国家自主减排措施（政策与措施（PAM+））	2015年国家自主减排措施所包括的政策行动	用于烹饪的液化石油气（LPG）
		太阳能系统
		减少森林燃烧
		沼气
		推广压缩天然气燃料公交车
		停止露天焚烧
		垃圾填埋气管理
		改良炉灶
		天然气发电
		环保电力
		高效木炭窑
针对短寿命气候污染物的其他措施（PAM++）	额外采用并有效实施减少短寿命气候污染物的措施	优质家畜饲养
		车辆检测标准
		尖端炉
		减少塑料工业中的气体

通过评估加纳国家自主决定贡献减排承诺的多重影响，该研究全面展示了加纳政策措施对近期空气质量、公共卫生、食品安全和避免气候变暖所能带来的实质收益（如图 4-5 所示）。同理，分析表明针对短寿命气候污染物的空气污

染防治措施，在全面执行国家自主决定贡献措施基础上，还能增加近20%的CO_2减排量。

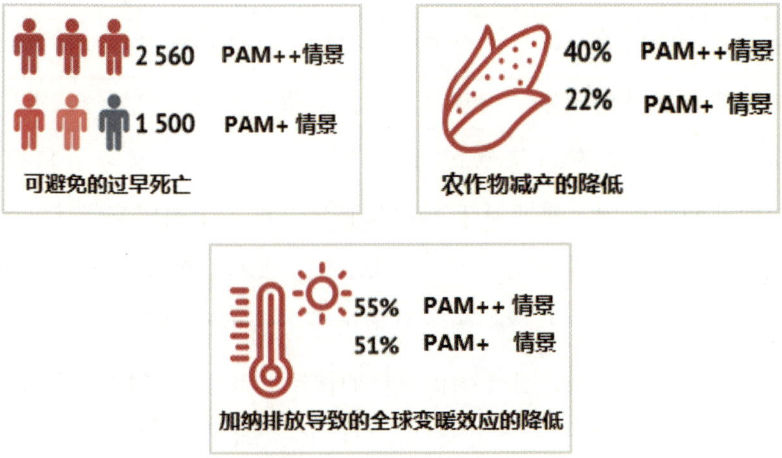

图4-5 政策包的排放影响

资料来源：Government of Ghana，2018.

实践证明，这项研究结果成为政府规划和沟通的重要工具。这表明，为实现地方发展而精心设计的行动也可以同时为减缓气候变化这一全球公益事业做出贡献。得益于跨部委工作组的协调，这些研究结果引起了政府部门的广泛关注，目前该研究所建议的部分措施已经开始实施。例如，加纳已将柴油含硫标准从300ppm降低到50ppm，并且在全国各地推广应用了200多万个家用清洁炉灶。

对一体化解决方案的重视也对加纳的国际合作和信息通报产生了积极影响。例如，尽管作为发展中国家，加纳按规定不必向UNFCCC提交排放清单或汇报其前体气体空气污染物排放情况，但加纳向UNFCCC提交的第四次国家清单报告中依然包括了前体气体、短寿命气候污染物和空气污染物的排放，因为这些物质“不仅影响到气候变化，而且与人类生活、农业生产、生态系统和可持续发展都密切相关，因此有着重要的意义和影响”（Ghana NIR4，2019）。

目前加纳政府重点关注如何确保这些措施能够迅速有效地执行，并且努力寻找适当的资源促进其落实，以及开展执行效果的评估工作。

4.2.6 墨西哥

墨西哥是拉丁美洲和加勒比海地区相对较早地认识到温室气体和短寿命气候污染物减排重要性的国家。近年来，墨西哥率先采取了协调一致的一体化战略应对温室气体和短寿命气候污染物。作为2012年气候和清洁空气联盟（CCAC）的共同创始国，墨西哥于2013年首次开展了全国温室气体和短寿命气候污染物的综合诊断。国家规划报告（INECC，2013）的研究为墨西哥政策制定提供了支持。墨西哥在其首个国家自主决定贡献中设定了雄心勃勃的减排目标，并成为第一个建立黑碳量化减排目标的国家（2050年降低51%）。2013年，墨西哥首先批准了联邦级《气候变化法》（Ley General de Cambio Climático），2018年进行了最新修订，旨在协调不同公共政策和战略，促进国家和地方层面的气候变化适应和减缓行动。《气候变化法》要求成立一个跨部委气候变化委员会，主要目标是促进和协调各部委和联邦机构之间的气候变化行动与战略。墨西哥意识到短寿命气候污染物是导致气候变化的主要因素之一，因此通过《国家气候变化战略》（Estrategia Nacional de Cambio Climático）和《国家空气质量战略》（Estrategia Nacional de Calidad del Aire）形成了应对气候变化和改善空气质量的综合策略。协同治理必须在空气质量管理和州级气候变化行动的各种项目中明确体现。在这些项目中，同一排放源的减排策略需要带来空气质量、气候变化适应和健康等多重效益。

通过国家规划，墨西哥探索出了一条在空气质量、公共卫生、气候变化和能源效率方面实现多重效益的发展路径。墨西哥还开展了许多关于行业排放和不同减排策略潜在协同效益的研究。这些研究整体评估了空气质量和气候变化的综合因素如何影响健康、植被和生态系统，估算了排放行业实施不同减排措施的收益。

交通运输行业，特别是大城市的交通，很早就被确定为重点减排领域之一（Molina and Molina，2006）。墨西哥城已采取一系列行动改善其城市流动性，减少臭氧（O_3）和颗粒物（PM）浓度及其对气候的影响。目前墨西哥城将城市交通电气化列为下一步行动的重点，并计划出台更严格的能效标准，这将有效促进黑碳减排。墨西哥还采用了多种家庭供热制冷和烹饪新技术，并推广低污染燃料，目的是协同应对能效标准、室内健康影响、空气质量和减缓气候变化等挑战，并确保实现国家自主决定贡献所规定的黑碳减排目标。

2019年年底，墨西哥发布第二代国家规划，该规划提出了一系列有助于实现多重效益、同时实现国家减排承诺（CCAC-INECC，2019）的新措施。这些新措施包括针对甘蔗业排放的具体建议——甘蔗业是墨西哥的第三大能源消耗产业，也是黑碳的主要排放源，尤其是燃料油和甘蔗渣的燃烧。根据联邦政府及学术界开展的五项研究的建议［CONUEE / CRE / GTZ，2009］，［INECC-BID，2012］，［CRUZADO，2017］，［CONUEE / EUEI PDF / GIZ，2018］，［Rojas，2014］。墨西哥估算了不同情景下带来最大协同效应的具体减排措施。这些措施主要包括：

（1）安装控制系统以减少颗粒物排放。逐步推广效率高达90%的颗粒过滤器，2020年实现40%的工厂安装此过滤器，2025年此种过滤器的普及率进一步达到60%。

（2）对蔗渣进行燃烧前干燥预处理以提高能源效率，将含水率从目前的50%降至41%或35%。

（3）将燃烧室蒸汽气压提高到42 bar或65 bar，以提高产能效率。

研究评估了通过调整过滤器组合、降低含水率、提高压力水平而可以采取的几种具体措施（如图4-6所示）。研究表明，最大限度减少黑碳排放的措施组合包括引入颗粒过滤器、将发电厂现场的甘蔗渣含水率降至41%，以及蒸汽气压提高至65 bar。实施这些措施可使墨西哥甘蔗业2030年黑碳排放量减少88%。

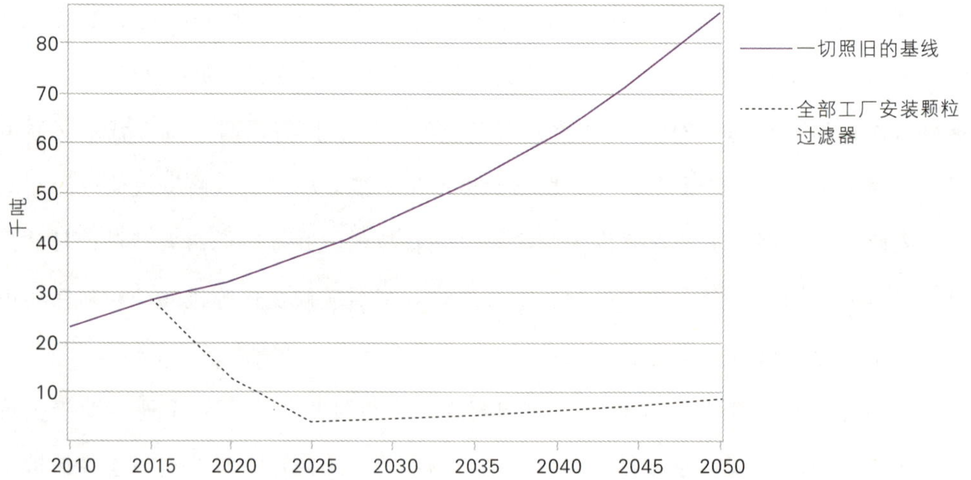

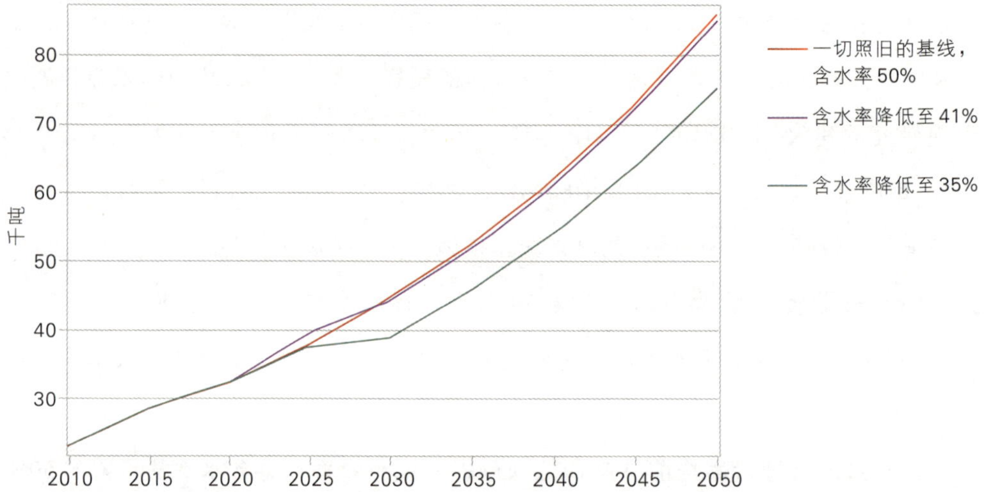

图4-6 通过在2030年前全部安装颗粒过滤器（上），并将甘蔗渣含水率从50%降至41%或35%（下）来减少制糖业的黑碳排放（2010—2051年）

资料来源：LEAP-IBC-Mexico.

此类综合评估可以为寻找最佳减排方式提供专业的建议，不过关于实施过程中的实际障碍还需要开展更多的研究。经济效益估算将为行业转型和政策实施提供更切实的激励。

4.3 结论及政策启示

本章的国际案例表明，越来越多的国家将气候变化、空气污染与发展的协同治理视为一项关键战略，它不仅可以推动国内发展议程，同时能够实现可持续发展和减缓气候变化等国际承诺。这些国家虽然处于不同的经济发展阶段，有不同的发展重点，采取了不同的方式进行一体化协同治理，但其良好实践和经验都值得借鉴。

每个国家都采用了不同的工具和方法对政策措施开展综合评估，研究减缓气候变化、健康、社会经济发展和实现可持续发展目标的协同效应。为确保采取协调一致的行动以带来最大收益并降低政策失败的风险，需要对所有空气污染物和温室气体排放进行综合评估。加纳和墨西哥的案例均表明，对短寿命气候污染物和温室气体的综合评估能够减少联合排放，而挪威的案例则强调了综合评估在识别双赢和输赢局面中的作用。所有国家的案例都证明，综合评估有利于合理决策，也便于对决策实施情况加以监督。

对于许多国家而言，政府都高度关注改善空气质量和减缓气候变化所能产生的局部效益和直接效果，这也决定了它们未来提高减排力度的决心。在所有案例中，量化的公共健康影响都是采取行动的关键动力，即使在芬兰这样空气污染排放量相对较低的国家也是如此。英国案例的重要经验是强调政策措施的分配效应，特别是对社会经济弱势群体造成的负担。

特定地区或区域对排放的脆弱性可以在政策制定中发挥重要作用，并且成为采取协同行动的动力。对于芬兰和挪威而言，北极地区容易受到黑碳和其他污染物排放的影响，这种脆弱性是协调气候变化和防治空气污染行动的关键动力。

挪威的案例强调了评估不同时间尺度的政策影响的重要性。研究发现，氮氧化物相关减排措施会导致短期变暖，但会带来健康和环境的收益。这个案例表明，尽管公共卫生近期收益是采取行动的重要诱因，但气候变化影响可以帮助政策制定者权衡不同目标，例如通过加强其他领域的行动来抵消负面影响，或者选择替代性政策以实现更好的正面效果。无论是哪种情况，这种分析都有助于提高决策者的判断力，增强他们对资源投入的效果和效率的信心。

许多案例显示，跨部门合作或政府全面行动对实现持续有效的协同治理至关重要。以加纳为例，跨部门工作组的成立确保了用于综合评估的数据和方案的协调性，并且保障了措施在全政府范围内得以迅速采纳和实施。墨西哥和挪威也建立了类似的跨部门工作组。智利的案例凸显了多利益相关方协作和多重效益评估方法的重要性，它可以确保政策被广泛接纳和持久有效，从而在一定程度上弥合理论分析与实际效果之间的巨大差距。

这些案例还表明，综合评估和协同治理是一个有效工具：它能够提高政策的成本效益和协调性，既节省公共资金，又提高了政策成功的概率。通过对气候变化和空气污染措施的综合分析和效果跟踪，能够得出双赢或赢输的解决方案。此外，此类分析还能识别出减排措施的多重效益，包括防止由于信息不完备而做出错误决策，帮助社会大众、企业和政策制定者建立对减排措施的信心并支持这些措施，合理分配财政、技术和人力资源，说服政府官员采取果断而迅速的行动。

参考文献

CCAC-INECC. 2019. *Estrategias integradas en contaminates climáticos de vida corta para mejorar la calidad del aire y reducir el impacto al cambio climático.*Under review.Climate & Clean Air Coalit-Instituto Nacional de Ecologiá y Cambio Climático.

Climate Change Act. 2008，UK，Order 2019，2050 Target Amendment. United Kingdom.

Defra. 2019. Clean Air Strategy 2019. Department for Environment，Food and Rural Affairs，United Kingdom.

Departamento de Estudios. 2018. *Principales aspectos legales del Impuesto Verde a las Fuentes Fijas.* Biblioteca del Congreso Nacional de Chile.

Directive 2008/50/EC of the European Parliament and of the Council of 21 May 2008 on ambient air quality and cleaner air for Europe.*Official Journal of the European Union，L 152/1.*

Directive（EU）2016/2284 of the European Parliament and of the Council of 14 December 2016 on the reduction of national emissions of certain atmospheric pollutants，amending Directive 2003/35/EC and repealing Directive 2001/81/EC. *Official Journal of the European Union*, *L 344/1*.

Hodnebrog, Ø., Aamaas, B., Berntsen, T.K., Fuglestvedt, J.S., Myjre, G., Samset, and B.H.and Søvde, A.2013.*Klimaeffekt av norske utslipp av kortlevde klimadrivere*, CICERO report to the Norwegian Climate and Pollution Agency (KLIF).

Government of Chile. 2015. Intended Nationally Determined Contribution of Chile Towards the Climate Agreement of Paris 2015. United Nations Framework Convention on Climate Change.

Government of Ghana. 2015. Ghana's Intended Nationally Determined Contribution and Accompanying Explanatory Note. United Nations Framework Convention on Climate Change.

Government of Ghana. 2018. National Action Plan to Mitigate Short-lived Climate Pollutants. Republic of Ghana.

Government of Mexico. 2013. National Climate Change Strategy, 10–20–40 Vision. Federal Government of Mexico.

Government of Mexico. 2015. Intended Nationally Determined Contribution. United Nations Framework Convention on Climate Change.

Government of Norway. 2019. Talanoa-dialogue Norway. United Nations Framework Convention on Climate Change.

INECC. 2013. *Apoyo a la Iniciativa de Planificación Nacional sobre Contaminantes Climáticos de Vida Corta en México*. Molina Center for Energy and the Environment Instituto Nacional de Ecología y Cambio Climático. (MCE2-INECC). Mexico City, Mexico.

Karvosenoja, N. 2008. *Emission scenario model for regional air pollution*.Monographs of the Boreal Environment Research 32.

Karvosenoja N., Savolahti M., Lanki T., Salonen R. and Tiittanen. Luku Vaikutukset Ilmanlaatuun. Raportissa: Soimakallio S., Hildén M., Lanki T., Eskelinen H., Karvosenoja N., Kuusipalo H., Lepistö A., Mattila T., Mela H., Nissinen A., Ristimäki M., Rehunen A., Repo A., Salonen R., Savolahti M., Seppälä J., Tiittanen P., Virtanen S.2017.*Energia– ja ilmastostrategiän ja keskipitkän aikavälin ilmastopolitiikan suunnitelman ympäristövaikutusten arviointi* (Environmental impact assessment of the Energy and Climate strategy and Medium-term Climate Change Policy Plan). *Valtioneuvoston selvitys ja tutkimustoiminnan julkaisusarja 59/2017*.

MEST of Ghana. 2012. Ghana National Climate Change Policy. Ministry of Environment, Science and

Technology, Republic of Ghana.

Ministry of Environment of Chile. 2014. Planes de Descontaminación Atmosférica Estrategia 2014–2018.

Ministry of Economic Affairs and Employment of Finland. 2017. *Government Report on the National Energy and Climate Strategy for 2030.*

Ministry of Environment of Finland. 2017. *Government Report on Medium-term Climate Change Plan for 2030–Towards Climate-Smart Day-to-Day Living.*

Mugica-Alvarez, V., Santiago-de la Rosa, N., Figueroa–Lara, J., Flores-Rodríguez, J., Torres-Rodríguez, M.and Magaña-Reyes, M.2015.Emissions of PAHs derived from sugarcane burning and processing in Chiapas and Morelos México. *Science of the Total Environment.* DOI 10.1016 / j. scitotenv.2015.04.089.

Norwegian Environment Agency. 2013. Proposed Action Plan for Norwegian emissions of short-lived climate pollutants.M98/2013.

Norwegian MTC. 2017. Meld.St.33 (2016–2017) Report to the Storting (white paper), National Transport Plan 2018–2029.Norwegian Ministry of Transport and Communications.

Schreier, M., Mannstein, H., Eyring, V.and Bovensmann, H. 2007. Global ship track distribution and radiative forcing from 1 year of AATSR data.*Geophysical Research Letters* 34: 17.https://doi.org/10.1029/2007GL030664.

Williams, M.L. 2012. Tackling climate change: what is the impact on air pollution? *Carbon Management* 3: 5, pp.511–519.

Williams, M.L., Lott, M.C.L., Kitwiroon, N., Dajnak, D., Walton, H., Holland, M., Pye, S., Fecht, D., Toledano, M.B.and Beevers, S.D. 2018. The Lancet Countdown on health benefits from the United Kingdom Climate Change Act: a modelling study for Great Britain.*The Lancet Planetary Health* 2 (5), pp.E202–E213.

UK CCC. 2019. *Net Zero: The UK's contribution on stopping global warming.*UK Committee on Climate Change.

UK Climate Change Act. 2008. Part 1.1 The target for 2050.

第5章　结论与政策建议

5.1　结论

气候变化与空气污染是我们这个时代的环境所面临的最大挑战。近几十年的科学研究表明，气候变化与环境污染之间是紧密相联的。许多空气污染物会影响气候，并且通常与温室气体（例如二氧化碳）同根同源。这种高度关联性为协同治理气候变化与空气污染问题提供了契机，如果在制定政策和减排行动时充分考虑这种关联性，那么可以显著地增加收益并降低成本。气候与环境协同治理可以增强政策的可行性、连贯性和可持续性，并激发更强的减排雄心，因而可以显著地提高政策的效率。

尽管协同治理效益显著，但是由于各种原因，长期以来各国政府对气候变化和环境污染问题往往分别管理。本书中的案例和实践表明，越来越多的国家开始重视气候变化、空气污染与发展问题三者之间的协同治理，将之视为可以同时满足国际可持续发展和气候承诺及国内目标的关键战略。

通过发展支持协同治理的一系列政策、制度和管理办法，中国在同时实现环境和发展目标方面取得了明显的进展，例如限制了煤炭消费量、促进了非化石能源开发、限制了人均碳排放，并改善了空气质量。尽管仍然存在挑战，但中国的经验已经证明，通过设定全国目标、建立气候和环境相关政府部门之间的合作决策机制、实施兼顾地区与行业差异的最佳政策，可以实现气候变化和空气污染的协同治理（参见第2章）。

来自智利、芬兰、挪威、墨西哥、加纳和英国的国际案例表明，气候与环境协同治理正在全球范围内处于不同经济发展阶段的国家中迅速展开。协同治理是一个反复的过程，而且实现气候、环境与发展目标协同治理的途径也是多样化的。

本书所提供的案例仅代表全球协同治理丰富实践经验中的一小部分。尽管这类案例数量不断增加，但目前尚未成为国际通行的做法。要成功地实现人类在气候、环境和可持续发展方面的共同目标，我们还需要继续探索协同治理理论和实践，从而在各行各业释放更大的减排雄心。

5.2 政策建议——国内篇

（1）部署中长期协同战略，实现气候与环境双赢

中国应契合美丽中国、建设社会主义现代化强国、全球控制温升2℃目标和NDC目标，制定中长期协同治理战略。这一战略应该与中国共产党第十九届全国代表大会制定的目标——实现“一个经济富裕、政治民主、文化先进、社会和谐的国家”，建设“美丽中国”，保持高度一致。作为一项长期战略，“美丽中国”的目标分为两个阶段实现，第一阶段的目标是从根本上改善生态环境，在2035年时基本实现建成“美丽中国”的目标；第二阶段的目标是在2050年达到生态文明的新高度（IEA，2019）。

就中长期协同治理战略的目标而言，在2035年之前，中国应以国内环境治理目标促进气候变化治理，实现包括降低空气污染浓度在内的国内环境效益的最大化，同时实现《巴黎协定》下的国家自主决定贡献目标。从具体措施来看，中国应加快实现向低碳和零碳能源系统转型的步伐，努力使经济增长与碳排放及常规空气污染物排放脱钩，尽快实现碳排放达峰。

2035年后，中国应以气候变化治理引领国内环境治理，将战略重点转移到气候变化治理和逐步淘汰化石能源，做全球应对气候变化的贡献者和引领者，深化环境治理。该战略旨在通过深度脱碳来同时实现“美丽中国”的蓝图和全球气候行动目标。

（2）建言“十四五”规划：扩大煤炭消费总量控制实施范围，推动沿海省市碳排放尽早达峰，鼓励能源密集型行业深度脱碳

“十四五”规划时期（2021—2025年）对于实现可持续发展至关重要，也是实现能源系统转型、空气污染物和温室气体减排目标的关键时期。这些目标需要通过以下方式实现：一是在确保经济增长的同时，提高能源效率和调整产业结构，减缓能源需求的增长。二是发展可再生能源和新能源，如水电、风能、太阳能、生物质能和核能，优化能源结构，在确保能源供应的同时逐步减少化石能源占比，限制二氧化碳排放量。此外，还必须控制能源消费总量，特别是要加强煤炭消费总量控制。碳定价措施可以促进能源节约，激励对低碳技术的投资。

中国正在积极制定“十四五”规划，以设定2021—2025年的可持续发展目标。在这一时期，设定更高的气候环境目标和加速能源转型至关重要。“十四五”规划应考虑将当前的煤炭消费总量控制从污染最严重的地区扩展到更大的地理区域，并最终推广至全国；加快能源系统的转型，推动东部发达沿海省市和八大高耗能产业率先实现碳排放达峰。

（3）加快建设全国碳市场，扩大覆盖范围至全部重点排放行业

中国政府应发展碳定价机制，进一步完善全国碳市场。2011年中国在7个省市建立了碳市场试点，并于2017年12月正式启动全国碳市场，但目前仅覆盖了电力行业。接下来，全国碳市场应逐步扩大到其他行业，包括化工、石化、钢铁、建材、造纸、有色金属和航空业等。

（4）利用政府职能转隶契机，全面提升生态环境部的协同治理能力

目前气候变化管理职能从国家发展和改革委员会转移到了生态环境部。经过长期的努力，生态环境部已经建立了基于点源的全国性污染物监测网络和数据报送系统。气候变化管理职能重组为环境和气候变化协同治理提供了良好的契机，生态环境部可以趁此机会整合气候变化和空气污染的监测报送体系，将CO_2和CH_4等温室气体纳入污染物监测体系，加强对空气污染物和温室气体的协同监管。

此外，应建立监测数据共享机制，利用全社会的研究力量，促进科学研究和技术创新，实现公众监督，加强环境治理。另外，应该鼓励技术创新，例如利用传统的清单编制方法与点源实时测量方法相互验证以提升数据质量，使用大气测量气象反演方法与地面测量方法相互验证。对温室气体排放和大气污染物实行精准测量，为精准治理提供数据基础。

（5）促进绿色“一带一路”倡议的协同治理

中国政府应提高“一带一路”倡议建设项目的环境标准，加强环境与气候变化的协同治理。遵循“一带一路”绿色投资原则，强调投资者责任。同时，中国政府应加强海外投资项目监管，防止环境和气候的负面影响。中国应通过国际合作，积极推动“一带一路”沿线国家的能力建设，防范气候和环境风险。面对“一带一路”沿线国家和地区脱困及发展的要求，中国可以提供包含资金、技术、规划在内的系统解决方案，与这些国家和地区一道共同走上低碳发展道路。

5.3 政策建议——国际篇

（1）各国政府应持续探索和实践气候和环境的协同治理

面对前所未有的气候、环境和发展挑战，各国比任何时候都更加需要采取协同治理措施以实现多重效益。IPCC在《全球变暖1.5℃特别报告》中指出，“要在全球、区域、国家、地方、社区等各个层面实现1.5℃的温升控制目标和人类与自然系统可持续发展目标，不仅涉及更具包容性的进程、机构整合、充足的资金和技术，权力、价值、公平等种种议题，还涉及如何实现这些议题的协同效应最大化”（IPCC，2018）。正如本书中的众多案例所示，许多政府正在积极探索协同治理的路径，这种努力应该持续进行并不断拓展。

各国应整合空气污染物和温室气体的清单及模型，以便于评估气候和空气治理政策和措施的效果。各国政府也可以相互合作，分享优秀的实践、工具和经验。目前有一些正式的公约和联合国机构可以作为政府间合作平台，例如联合国环境大会、世界卫生大会、《联合国气候变化框架公约》等。各国政府也可以通过区域性公约和自愿伙伴关系进行合作，例如气候和清洁空气联盟。此外，还有一些地方政府和城市领导力的组织，例如“C40城市气候领导联盟”和“地方可持续发展协会”（中文简称“宜可城”，英文简称“ICLEI”），也有一些致力于改变政策和行为模式的全球性宣传项目（例如Breathe Life），这些都是支持协同治理和信息共享的机构和倡议。此外，各国政府还可以通过国际援助项目及双边或多边协议开展合作。

制定并提交《巴黎协定》下国家自主决定贡献为各国政府提供了重要的机会，可以促进近期的气候与环境协同治理。为增强下一轮国家自主决定贡献的力度，各国可以综合评估减缓和适应气候变化政策的多重影响和收益，这样有益于释放实现《巴黎协定》所需的政治积极性。

（2）国际和区域组织应促进国家及地区间的经验和资源共享

国际和区域合作在推动各国加强协同治理能力方面可以起到关键的作用。国际组织和区域机构应积极促进协同治理领域综合政策和良好实践的分享与交流，并通过综合工具的开发应用来支持各级政府的能力建设。合作平台可以帮助政府发现最适合本地情况的协同治理策略。

气候组织及开发性金融机构需要发挥更大的作用，评估并公开所投资项目的多重效益，筹建专项资金支持协同治理项目融资。金融机构可以在新项目投资评估标准中设立多重效益指标，并要求已投资项目进行综合评估并报告其多重效益。例如，2013年绿色气候基金（GCF）提议，已资助的减缓气候变化项目除了要报告其温室气体减排量（吨），还要报告至少一项协同效应（GCF，2013）。通过要求所资助的空气污染协同控制项目同时报告温室气体减排和公共健康的预期效益，绿色气候基金促进了协同治理方法和工具在地方层面的推广。

（3）将气候和空气质量治理策略的综合评估常规化，作为决策的有力支撑

气候和空气质量战略综合评估是具有巨大潜力的工具，能为决策者提供更为全面的信息，比较项目在不同时间段对全球温度和空气质量的影响。综合评估是开展

协同治理的第一步，有助于政府统筹气候和空气质量方面的相关政策，发现能够最大程度改善公众健康并实现其他发展目标的战略，同时有效地减少温室气体排放、减缓近期和远期气候变暖的速度。

目前已有多个可以帮助各国进行综合评估、支持政策制定的工具，例如智利、加纳和墨西哥综合规划中所采用的“长期能源替代计划综合收益计算器”（LEAP-IBC）（Kuylenstierna et al.，2017，以及智利、加纳和墨西哥联合开发的“多收益路径框架”（CCAC，2019）（参见第4章）。

参考文献

CCAC. 2019. Multiple Benefits Pathway Framework. Climate & Clean Air Coalition. https：//www.ccacoalition.org/en/content/multiple-benefits-pathway-framework（accessed 5 September 2019）.

IEA. 2019. *China power system transformation-assessing the benefit of optimized operations and advanced flexibility options*.International Energy Agency.

IPCC. 2018. *Global Warming of 1.5℃* Intergovernmental Panel on Climate Change. https：//www.ipcc.ch/sr15/（accessed 5 September 2019）.

GCF.2013.*Business Model Framework：Objectives，Results and Performance Indicators*.Green Climate Fund.https：//www.greenclimate.fund/documents/20182/24934/GCF_B.04_03_Business_Model_Framework__Objectives__Results__and_Performance_Indicators. pdf / 961512a9–1ba3–4023–a5e4–2aa4e48054bb（accessed 5 September 2019）.

Kuylenstierna，J.C.I.，Heaps，C.，Malley，C.M.，Vallack，H.W.and Hicks，W.K. 2017. *The Long-range Energy Alternatives Planning-Integrated Benefits Calculator（LEAP-IBC）*. Factsheet.Stockholm Environment Institute. https：//www.sei.org/mediamanager/documents/Publications/SEI–Factsheet–LEAP–IBC–2.pdf（accessed 5 September 2019）.

附录　名词解释

大气污染防治行动计划

在大气污染形势严峻的情况下，国务院于2013年印发了《大气污染防治行动计划》，又称“大气十条”。该计划通过分别设定2017年和2020年的具体污染物减排目标，制定了中国大气污染控制的路线图。大气污染防治的重点区域包括京津冀、长三角、珠三角地区。《大气污染防治行动计划》是中国制定的第一个国家层面的空气质量目标的行动计划。

《中华人民共和国大气污染防治法》

《中华人民共和国大气污染防治法》于1987年通过，1988年正式施行，并于1995年、2000年、2015年、2018年分别修订。该法的目的是保护和改善环境，防治大气污染，保障公众健康，推进生态文明建设，促进经济社会可持续发展。该法在2015年进行了一次较大规模的修订，针对大气污染的治理做出了更为严格的规定。

黑碳

黑碳是指一类基于光吸收、化学反应和/或热稳定性测量而定义的气溶胶物质。它有时被称为煤烟。黑碳主要由化石燃料、生物燃料和生物质的不完全燃烧形成，但有时也会自然产生，通常只在大气中停留几天或几周。黑碳是颗粒物中吸光能力最强的一类，当沉积在雪上或冰上时，它通过吸收空气中的热量和降低反射率起到增温作用。

二氧化碳当量（CO_{2e}）

二氧化碳当量是基于二氧化碳单位比较各种温室气体对自然温室效应影响的量度单位。它描述了在特定时间范围内，对于给定的温室气体构成和数量，相当于具有相同的全球变暖能力的二氧化碳的量。就本报告而言，温室气体排放量（除非另有说明）是指《京都议定书》附件A中所列的一揽子温室气体的总和，用100年全球变暖升温势的二氧化碳当量表示。

协同效应

针对一个目标的政策或措施可能会对其他目标产生积极的影响，但没有包括对总体社会福利的净影响。协同效应往往存在不确定性，并取决于当地情况和实施方法。协同效应通常被称为辅助效应。

《中华人民共和国节约能源法》

《中华人民共和国节约能源法》于1997年通过，1998年正式施行，并于2007年、2016年、2018年分别进行修订。该法旨在推动全社会节约能源、提高能源利用效率、保护和改善环境、促进经济社会全面协调可持续发展。该法对节能做出了一般规定，并对工业、交通、建筑、公共机构、重点用能单位的节能做出规定，鼓励节能技术进步，明确了节能的激励措施和相关法律责任。

温室气体

温室气体是指导致全球变暖和气候变化的一类气体。主要的温室气体是二氧化碳（CO_2）、甲烷（CH_4）和一氧化二氮（N_2O）。此外还有氢氟碳化合物（HFC_s）、全氟化碳（PFC_s）和六氟化硫（SF_6），虽然不太普遍，但温室效应极强。

治理

治理是关于决定、管理、执行和监测政策与措施的各种手段的全面而包容的概念。虽然政府是严格按照民族国家来定义的，但更具包容性的治理概念承认各级政府（全球、国际、区域、次国家和地方各级政府）、私营部门、非政府组织和民间社会对解决全球社区面临的诸多问题的贡献。

预期的国家自主决定贡献（INDC）

预期的国家自主决定贡献（INDC）来自各国递交的文件，介绍了其为实现《巴黎协定》长期温控目标（将升温限制在2°C以下）而承诺做出的努力。一个国家批准《巴黎协定》后，除非该国选择继续更新，否则其预期的INDC将自动转换为国家自主决定贡献（NDC，见下文）。

国家自主决定贡献（NDC）

国家自主决定贡献（NDC）是已批准《巴黎协定》的国家提交的文件，其中介绍了各国为实现《巴黎协定》的长期温控目标（将升温限制在2°C以下）而承诺做出的国家努力。2020年将要提交新的或更新的NDC，此后每五年提交一次。因此，NDC代表了一个国家目前在全国范围内减少排放的雄心或目标。

《巴黎协定》

《联合国气候变化框架公约》（UNFCCC）下的《巴黎协定》于2015年12月在法国巴黎的UNFCCC缔约方大会（COP）第二十一次会议上通过。该协议由196个UNFCCC缔约方通过，并于2016年11月4日生效。截至2018年5月，已有195个签署国，并得到177个缔约方的批准。《巴黎协定》的目标之一是“将全球平均气温较工业化前水平升高幅度控制在远低于2℃的目标，并为1.5℃温控目标而努力”，同时认识到这将大大减少气候变化的风险和影响。此外，《巴黎协定》旨在加强各国应对气候变化影响的能力。该协定拟于2020年全面生效。

《中华人民共和国可再生能源法》

《中华人民共和国可再生能源法》是为了促进可再生能源的开发利用、增加能源供应、改善能源结构、保障能源安全、保护环境、实现经济社会的可持续发展而制定的。该法在2005年审议通过，2006年1月正式施行，并于2009年修订。该法明确国家将可再生能源的开发利用列为能源发展的优先领域，通过制定可再生能源开发利用总量目标和采取相应措施，推动可再生能源市场的建立和发展。

海绵城市

海绵城市也被称为“水弹性城市”，指有能力将城市水资源管理纳入城市规划和设计的城市。海绵城市应具备适当的规划、法律框架和工具，以建设或改造、维护、调整基础设施来存储和处理（多余）雨水。海绵城市不仅要解决“水太多”的问题，还要重复利用雨水，帮助缓解“水太少”或“水太脏”的问题。

可持续发展目标

联合国所有成员国于2015年通过了《2030年可持续发展议程》，为人类与地球的和平与繁荣提供了共同的蓝图。它的核心是17个可持续发展目标（SDGs），这是所有国家（无论是发达国家还是发展中国家）在全球伙伴关系中迫切需要采取的行动。可持续发展目标认识到，消除贫困必须与改善健康和教育、减少不平等和刺激经济增长的战略携手共进，同时需要应对气候变化、保护海洋和森林。

国民经济和社会发展五年规划

国家五年规划为中国未来五年的国民经济和社会发展设定总体目标。1953年全国开始实施第一个五年规划，最近的一个五年规划是第十三个五年规划。每一个五年规划的制定一般要经过两年多的时间。在此期间，国家发展和改革委员会提出规划前期重大问题，向全社会公开招标，加上直接委托研究和国家发展改革委系统内部研究，选题大约有数百个之多，参与专家数千人、研究人员达上万人，形成几百万字的研究报告，上述研究成果直接为起草“五年规划”服务。在经过了课题研究阶段、思路形成阶段、规划纲要起草和专项规划形成阶段、广泛征求意见和充分衔接阶段后，最终定稿并提交全国人民代表大会讨论审议。

《联合国气候变化框架公约》

《联合国气候变化框架公约》（UNFCCC）于1992年5月获得通过，同年6月在巴西里约热内卢地球峰会期间开放签署。该协定于1994年3月生效，截至2018年5月，已有197个缔约方（196个国家和欧盟）。UNFCCC的最终目标是“将大气温室气体的浓度稳定在某一水平，从而防止人类活动对气候系统产生危险影响”。UNFCCC的具体规定通过《京都议定书》和《巴黎协定》两项条约执行。

Acknowledgements

This research project was initiated based on a conversation between Mr. Xie Zhenhua, China's Special Representative on Climate Change Affairs and President of Institute of Climate Change and Sustainable Development (ICCSD), and Ms. Helena Molin Valdes, Head of the CCAC as well as Dr. Jian Liu, Chief Scientist of UNEP at COP 23 of UNFCCC (in Bonn). The Rockefeller Brothers Fund provided generous financial support to the research and preparation of the report. The ICCSD of Tsinghua University provided management and communications support to the project.

This report was prepared by editorial groups from Tsinghua University and the Climate & Clean Air Coalition (CCAC), based on contributions from broader research teams at Tsinghua University. National case studies were coordinated by the CCAC and provided by research teams from Chile, Finland, Ghana, Mexico, Norway and the United Kingdom (UK).

Principal investigators

He Jiankun, Qi Ye, Li Zheng

Editorial group from Tsinghua University

Chang Shiyan, Dong Wenjuan, Hui Jingxuan , Liu Yang, Ou Xunmin, Qi Ye, Song Qijiao , Wang Hailin, Zhao Xiaofan

Editorial group from Climate & Clean Air Coalition

Nathan Borgford-Parnell, Tiy Chung, Hanxiang Cong

Research teams at Tsinghua University

Department of Earth System Science: Zhang Qiang, Luo Yong, Hui Jingxuan , Tong Dan, Liu Yang

Department of Energy and Power Engineering: Ma Linwei, Tian Shanjun

Institute of Climate Change and Sustainable Development: He Jiankun, Li Zheng, Dong Wenjuan

Institute of Energy, Environment and Economy: Zhang Xiliang, Teng Fei, Chang Shiyan, Ou Xunmin, Wang Hailin, Gu Alun, Zhou Jian, Hou Jing

School of Economics and Management: Cao Jing, Qi Wei, Liu Qingfeng

School of Environment: He Kebin, Wang Can, Liu Huan, Cong Jianhui, Zhang Yanni

School of Public Policy and Management: Qi Ye , Song Qijiao , Zhao Xiaofan, Liu Tianle , Lu Jian

National case study research teams

Chile: Carmen Gloria Contreras Fierro (Ministry of Environment, Chile)

Finland: Ville-Veikko Paunu (Finnish Environment Institute); Niko Karvosenoja (Finnish Environment Institute)

Ghana: Daniel Benefor (Environmental Protection Agency, Ghana), Gyimah Mohammed (Ministry of Environment, Science, Technology & Innovation, Ghana)

Mexico: Graciela B. Raga (National Autonomous University of Mexico), José Abraham Ortínez Alvarez (National Institute of Ecology and Climate Change, Mexico)

Norway: Vigdis Vestreng (Norwegian Environment Agency); Maria Malene Kvalevåg (Norwegian Environment Agency); Figenschau Skjellum (Norwegian Environment Agency)

United Kingdom: Martin Williams (King's College London)

Technical reviewers

Abiodun Aderibigbe (Sustainable Environment Food and Agriculture Initiative, Nigeria), Ange-Benjamin Brida (Ministry of Environment and Sustainable Development, Côte d'ivoire), Beba Sanchez (Bay Area

Air Quality Management District), Beatriz Martins Carneiro (UNEP), Chelsea Kealey (Environment and Climate Change, Canada), Charlotte Unger (Institute for Advanced Sustainability Studies, Germany), Dale M. Evarts (US Environmental Protection Agency), Drew Shindell (Duke University), Jack P. Broadbent (Bay Area Air Quality Management District), Johan C.I. Kuylenstierna (Stockholm Environment Institute), Josh Miller (International Council on Clean Transportation), Peter van Velthoven (Royal Netherlands Meteorological Institute, Netherlands)

Scientific editors

Bart Ullstien (Banson), Ravi Shankar (China Daily)

Project coordination

Meng Shuo (Tsinghua University), Zhang Jian (Tsinghua University) , Hangxiang Cong (CCAC)

Media and launch strategy

Wang Binbin (Tsinghua University)

Translation and editing

Shi Xianken, Fu Yanan (Tsinghua University), Sun Shuo (Tsinghua University), Luo Nuo (Tsinghua University), Zhao Hanzhi (Columbia University)

Special thanks are extended to: The Scientific Advisory Panel of the CCAC, Johan C.I. Kuylenstierna (Stockholm Environment Institute) and Jiang Kejun (Energy Research Institute of National Development and Reform Commission, China). The project team would like to thank all individuals and organizations who have helped and made the report possible.

Contents

List of figures, tables and boxes

List of figures

List of tables

List of boxes

Foreword (1)

The impacts of the global climate crisis are being felt every day and in every country around the world. At the same time, poor air quality is threatening the lives of millions of city dwellers, villagers, farmers and pastoralists. So many of us have no choice but to breathe dirty air, even as we may be forced to struggle with mounting water and land pollution, biodiversity loss, and the rapidly increasing impacts of climate change. These are not independent problems: they are inexorably linked, and so too are their solutions.

As one of the founding partners of the Climate and Clean Air Coalition, the UN Environment Programme has helped to lead the global effort to deploy whole-of-government approaches to interconnected environmental problems. These approaches provide multiple benefits across all levels of society and ecosystems. We know, for example, that reducing short-lived climate pollutants – like methane, black carbon, and hydrofluorocarbons – can rapidly deliver extraordinary and tangible benefits for public health, food security, biodiversity, sustainable development and near-term climate protection, while complementing efforts to achieve other climate and development goals.

As this report shows, a growing number of countries are beginning to address their environmental problems using holistic approaches that can deliver a rich array of benefits. And it's not just a few rich countries that are doing so, but a wide range of countries at different stages of economic development, and with different regulatory and legal structures. What these pioneering countries are seeing is that, by integrating their climate policies with their clean air policies, they can achieve results that are both more impressive and comprehensive; they can also avoid duplication, refine their decision-making, and build confidence among their policymakers.

The case studies from China and around the world in this report, demonstrate how integrated assessments and co-governance approaches help develop cost-effective and coherent policy decisions that lower costs, increase the chances of success, and identify win-win or win-lose solutions. The multiple benefits provided by such approaches help to justify the allocation of financial, technical and human resources. To that extent, the case studies in this report can help to convince political leaders of the need to move decisively and rapidly. Taken together, these inspiring examples represent a growing body of good practice that can be used to help tackle the many urgent environmental challenges that confront humanity today.

I strongly encourage those working at all levels of governance—international, regional, national, and local—to consider these case studies, and then to find their own ways to support comprehensive and coherent environmental governance. As this report shows, there are so many win-win opportunities that are ready for us to seize: wins for the climate, wins for the Earth, and wins for all of us who call this planet home.

Inger Andersen

Executive Director, UN Environment Programme

Foreword (2)

Four years ago, the Heads of State of China and the United States of America issued a joint presidential statement on climate change, laying the groundwork for the Paris Agreement and rallying the world's support to address the greatest challenge to humanity. Today, the Secretary General of the United Nations calls on the world's leaders to join hands and voices to build new momentum to forge ahead with current climate initiatives and achieve targets set in the Paris Agreement. National experience has shown that climate change action is the most effective and successful when it brings co-benefits that address other domestic challenges such as economic, developmental and environmental issues at the same time. This has led to a new approach to climate change, namely co-governance of climate change and sustainable development challenges, particularly environmental ones.

Air pollution is one such challenge. In most cases, air pollution results from fossil fuel combustion that also emits greenhouse gases. Hence, reducing fossil fuel use cuts emissions of both carbon dioxide and other air pollutants, bringing co-benefits to both climate and the environment.

Like climate change, air pollution is a worldwide challenge, especially in developing countries. The World Health Organization points out that more than 90 per cent of the world's population breath polluted air every day. Air pollution is responsible for 7 million deaths annually, or one in every thousand people in the world. Half a million of these may well be from China according to researchers from the Ministry of Ecology and Environment.

The Chinese government has designed policies to address both air pollution and climate change. These aim to limit the use of fossil fuel by promoting an optimized energy structure, clean energy and energy efficiency. The amount of electric power generated from renewable sources has tripled and wind and solar power capacity grew 25 times in the decade from 2008 to 2018. Currently, 30 per cent of all electricity comes from non-fossil fuels. Substitution of fossil fuels with clean energy, together with improvements in energy efficiency, cut carbon intensity by 45.8 per cent between 2005 and 2018. Meanwhile, air quality has improved dramatically. Within four years between 2013 and 2017, concentrations of particulate matter with an aerodynamic diameter equal to or less than 2.5 micrometres, $PM_{2.5}$, in the Beijing-Tianjin-Hebei region has been cut by 40 per cent.

In recent years, China's central government launched a coal-cap policy, setting strict limits on coal use, initially in the most polluted regions, then over a much greater geographical area, and eventually across the whole country. Clearly, the co-benefits of climate action go way beyond improvements in air quality. A reduction in the number of deaths from air pollution, reduced medical costs, improvements in public health, and enhanced livability and competitiveness of cities are all important co-benefits. Indeed, action on climate change brings a better environment, a better economy and a better life.

Many governments have increasingly recognized that co-governance is an effective approach to rallying national, local and societal support for and developing a consensus on a low-carbon climate strategy of which the immediate benefits are hard to see. But most people can see and feel the benefits of air pollution control, urban infrastructure retrofits and clean energy development. Besides, by killing multiple birds with one stone, co-governance of the climate, environment and development is cost effective and achieves greater economic, social, environmental and climate benefits. It works in China, and I am sure it will work in other countries.

The Institute of Climate Change and Sustainable Development (ICCSD) at Tsinghua University was established in Beijing, China in December 2017. I serve as the Inaugural President. The ICCSD focusses on strategic research, international dialogue and exchange, and education and training to provide science-based solutions to China's national low-carbon transition and to keep the momentum of advancing the multilateral process on climate change. This report is the first product of the ICCSD in collaboration with other institutions. I hope it will be of help to all countries sharing the common, linked climate, environmental and development challenges that require co-governance solutions.

Xie Zhenhua

Special Representative on Climate Change Affairs, the People's Republic of China

President of ICCSD, Tsinghua University

August 28, 2019, Beijing

SYNERGIZING ACTION ON THE ENVIRONMENT AND CLIMATE: GOOD PRACTICE IN CHINA AND AROUND THE GLOBE

1. From Co-Benefits to Co-governance of the Environment and Climate

While climate change is the greatest challenge to humanity, other environmental problems are also threatening the health and quality of our lives, and the ecosystems that all lives rely on. These challenges are addressed globally in the framework of the climate and sustainability, specifically, the Paris Agreement and the 2030 Sustainable Development Goals, under the leadership of the United Nations. At the national level, governments are addressing climate change in the context of their domestic priorities. In nearly all countries, the most important driving force for national climate policy is not just avoiding long-term impacts but also achieving near-term sustainable development objectives, including, most prominently, eradicating poverty and curbing domestic air pollution (IPCC, 2014). Since the sources and impacts of air pollution and climate change are closely linked, focusing on solutions that deliver multiple benefits for air pollution and other development goals allows countries to take ambitious actions that align with both their near-term sustainable development objectives and long-term global climate mitigation. Good practice from many nations has proven that concerted policy and action, or co-governance, is an smart approach because the co-benefits, i.e. the positive effects that a policy or measure aimed at one objective might have on other objectives, can amplify benefits, increase the acceptance and sustainability of action, and catalyze even greater mitigation ambition (IPCC, 2018).

Despite the advantages of co-governance many countries address air pollution, climate and developmental issues separately, which often leads to missed opportunities and poorly integrated policies. Policies that fail to recognize the connections between air quality, climate and public health can bring unforeseen negative consequences which may slow or inhibit ambitious action to combat these threats.

The Special Report on Global Warming of 1.5°C highlights that climate change, air pollution and sustainable development are closely linked (IPCC, 2018). It has been well established that the climate-forcing air pollutants are often co-emitted and well mixed with greenhouse gases, such as carbon dioxide (CO_2) and methane (CH_4), from major sources including fossil-fuel combustion and exploitation, industrial production, agriculture and animal husbandry, waste disposal and land-use change. Once emitted, these pollutants interact with one another in complex ways, affecting climate and polluting the air. For example, CH_4 contributes to the formation of tropospheric ozone (O_3), a powerful air pollutant and greenhouse gas. These pollutants not only have near- and long-term impacts on the climate, but also have immediate impacts on human health.

The interconnected nature of air pollution and climate change means that many of the measures taken to address climate change or to reduce air pollution are likely to result in significant near-term multiple benefits for sustainable development and climate change mitigation. Poorly designed policies and measures that do not account for these connections may unwittingly multiply the costs arising from our current, risky pathway. Understanding the interactions between these factors is key to the selection of mitigation and adaptation options and the coordination of policies that maximize synergies and minimize trade-offs between climate and sustainable development.

Many studies show that extensive co-benefits can be achieved through actions on climate change and the environment. For example, Shindell et al. (2018) showed that stricter climate near-term mitigation consistent with a 1.5° C pathway could lead to 110–190 million fewer premature deaths from reduced air pollution, compared to 2° C pathways. Another study found that implementing 25 measures to improve air quality could simultaneously reduce co-emitted CO_2 by nearly 20 per cent by 2050, in recent integrated air pollution and climate change mitigation assessment for Asia and the Pacific (UNEP and CCAC, 2018). UNECE (2016) estimated that the average financial value of health benefits per reduced tonne of CO_2 is between US$ 58 and US$ 380 globally and the benefits are greater in developing countries than in developed countries. The health benefits in East Asia will be about 10–70 times the marginal cost of abatement. In 2011 UNEP and the World Meteorological Organization (WMO) showed short-lived climate pollutant (SLCP) control measures could slow the global rate of warming by half, while saving roughly US$ 4–32 billion annually from the avoided crop-yield losses and US$ 2–10 trillion each year from the avoided health damage (UNEP and WMO, 2011). Climate change mitigation also has synergies with improvements in energy efficiency and renewable energy development, the benefits of which could equal about 50–350 per cent of the project investment (Ürge-Vorsatz et al., 2014).

2. Practices in China

Over the past decade China has substantial progress addressing its national environmental and climate challenges. The annual average population-weighted $PM_{2.5}$ concentration decreased from 66 micrograms per cubic meter (μg/m³) in 2005 to 53 μg/m³ in 2017 (Health Effects Institute, 2019). Meanwhile, carbon intensity of the economy as measured by CO_2 emissions per unit of GDP was cut by 45.8 per cent from 2005 to 2018, exceeding the target set under the Copenhagen Accord (Ministry of Ecology and Environment, 2019). A suite of measures were taken to achieve the target, and the environmental and climate co-governance was the key at all levels of government policy from national to local, and through initiatives targeting major sectors of intensive energy use.

The Chinese experience can be summarized in four elements: setting and delivering national targets, tightening legal frameworks and standards, establishing national pilots for policy learning and innovation, and emphasizing integrated action in key regions and sectors.

China's national targets on environment and climate actions are set in the Five-Year Plans (FYP's) through a systematic procedure including evidence-based research and policy debate and consensus building. Since 2005, more targets have been explicitly set in the 11 th , 12 th and 13 th Five years plans. The target setting reflects the national commitments made in the international climate negotiations. The environmental and climate targets are categorized as required or obligatory to emphasize their importance, as compared to other anticipatory targets. Along with target setting are a series of rules and procedures which guide implementation, evaluation and accountability. Failure to deliver the target by local governments or state-owned enterprises may cause consequences in career promotion of the responsible leaders.

The legal framework on climate and environmental protection has been strengthened. The Air Pollution Prevention and Control Law of 1987 was amended in 1995, 2000, 2015 and 2018. In the most recent amendment, the law emphasizes reducing pollutant emissions from key sources by restructuring the country's industrial composition and the energy mix. The 2018 version of the law also added a provision for co-governance of emissions of greenhouse gases and the conventional environmental pollutants. The Energy Conservation Law of 1997 was also amended in 2007, 2016 and 2018 to reflect the need for broader coverage higher standard for energy efficiency. The Renewable Energy Law, which first took effect in 2006, was also amended to promote low carbon transition of the energy system and thus reduce pollution from fossil fuel sources.

Local pilots are often conducted by the central government as key approach to policy innovation, to identify good practices which can be dispersed to other municipalities and provinces. Three pilot programs are of particular relevance to addressing the environmental and climate challenges in China, national pilots for low-carbon development, renewable energy pilots and the sponge city pilots. The low-carbon pilots program was first initiated in 2010 and then augmented in 2012 and 2017. A total of 78 cities of various sizes are included in the three batches of the pilot program. 72 of them declared to peak their CO_2 emissions 5–10 years earlier than the national commitment under the Paris Agreement. All pilot cities achieved reductions in both CO_2 and $PM_{2.5}$ emissions between 2010 and 2015 (Chen and Zhuang, 2018).

China's approach to co-governance focuses on key regions and cities of special significance. The Beijing, Tianjin and Hebei area is politically significant due to its location of nation's capital and is a region with the most polluted air among all metropolitan areas in the country. Limiting overall use of coal and reducing the share of energy intensive industries is proved to be the most effective for cutting carbon emissions and improving air quality. The annual average concentration of atmospheric $PM_{2.5}$ in Beijing decreased from 89.5 $\mu g/m^3$ in 2013 to 51 $\mu g/m^3$ in 2018, a drop of 43% in five years. Meanwhile, synergetic actions help Beijing to achieve the peak carbon emissions by 2020, which is 10 years earlier than the national target. The city of Shenzhen leads the change in the Pearl River Delta region. This most rapidly growing city experienced some of the worst period of air pollution and carbon emissions in the 1990's and early 2000's. The environmental monitoring data showed that the city was choked by smoggy air during half of the year in 2004, but the annual $PM_{2.5}$ concentration was down to 26 $\mu g/m^3$ in 2018, lower than the national standard of 35 $\mu g/m^3$. In 2013, Shenzhen announced a plan to end coal-fired power generation. Today, over 90% of the electric power is from renewable energy or gas-fired power plants. Almost all vehicles for public transportation, including taxies and buses, are electric. Fossil fuel use is strictly limited for industry, transportation and buildings. The city also announced to peak its overall carbon emissions by 2022.

The power sector has been a focus of co-governance in China due to its sheer size and contribution to the emissions of carbon and other air pollutants. China's power sector produces one quarter of all electricity worldwide and consumes half of the coal produced in the country. Co-control actions brought down the contribution of the power sector to the overall emissions of SO_2 from 51% in 2006 to 9.7% in 2016. Meanwhile, the share of NO_X emissions decreased from 54.9% to 8.7%. The technological improvement helped to save roughly 1 billion tons of carbon dioxide emission per year for the period from 2006 to 2018 (China Electricity Council 2017 and 2018). China has started a nationwide carbon market to be applied first to the power sector since 2017. It is expected that this comprehensive measure will further cut the emissions of carbon and other pollutants from the power sector.

3. Future Targets and Actions in China

China' s medium and long-term targets for clean air are divided into two phases (Tsinghua University, 2017). The first phase target is to reach the $PM_{2.5}$ standard of 35 μg/m³ by 2030 in the major cities and areas, and the second phase target is to reach 15 μg/m³ by 2050. Under the 2015 Paris Agreement of the United Nations Framework Convention on Climate Change (UNFCCC), China pledged to reduce CO_2 intensity by 60–65 per cent compared to 2005 levels by 2030, increase the share of non-fossil energy in the national primary energy consumption to 20 per cent, and to reach peak CO_2 emissions around 2030 or earlier.

With the emissions reduction of SO_2 and NO_X by 8 and 10 per cent every five years during the 2015–2050, respectively, the policies will achieve synergistic CO_2 emissions reductions of up to 20 billion tonnes by 2050 (Nam et al., 2013). If China achieves its full range of NDCs by 2030, SO_2, NO_X and $PM_{2.5}$ emissions will also be reduced by 78.85, 77.56 and 83.32 per cent, respectively (Yang et al., 2017). If the decreasing rate of China's carbon intensity is reduced by 4 per cent per year in the 2015–2030 period under a carbon tax, it will result in a 25 per cent reduction in SO_2 and 19 per cent reduction in NO_X emissions compared to a carbon-tax-free scenario. The national population-weighted average $PM_{2.5}$ concentrations will also fall by 12 per cent, avoiding about 94,000 premature deaths (Li et al., 2018). In summary, the co-governance of climate and the environment in the medium to long-term is to make the environmental target drive climate targets in the near term before 2030, and then reverse the priority on climate afterward.

Immediately after the Paris Conference, China published the National Strategy on Energy Production and Consumption (2016-2030). Under the strategy, the total energy consumption is capped below 6 billion tons of coal equivalent, and the non-fossil shares of power generation and energy mix should reach 50% and 20%, respectively. Such a strategic plan would help to deliver the national environmental targets and meet the international commitments. By 2030, CO_2 and SO_2 emission per unit of electricity will have fallen by a third compared to 2015 levels. If the capacity of solar photovoltaic power generation reaches 400 GW in 2030, CO_2 emissions will fall by 4.2 per cent, and premature deaths from air pollution will fall by 1.2 per cent compared to the baseline scenario (Yang et al., 2018).

With a demand for 640 million tonnes of steel in 2030, 190 million tonnes of steel scrap could be recycled if the recycling rate of steel scrap increases by 50 per cent. This could potentially reduce CO_2 emissions by 67.7 million tonnes compared to the baseline scenario of continuing the existing trends in China's steel sector without imposing any energy-saving or emission–reduction targets. In addition, emissions of SO_2, NO_2 and PM10 would fall by about 110,000, 20,000 and 30,000 tonnes, respectively. Air pollution control could prevent about 28,500-71,000 premature deaths, equivalent to an avoided economic loss of US$ 386–854 million (Ma et al., 2016). In the transport sector, by 2050, improving energy efficiency and optimizing transport structure could reduce CO_2 emissions from the transport sector by 38 per cent and 35 per cent, respectively, and avoid about 120,000 and 102,000 premature deaths caused by air pollution, respectively (Liu et al., 2018). Substitutions of fuel in residential buildings could benefit both air quality and human. If these fuel substitutions were adopted between 2010 and 2030, premature deaths related to air quality would fall by 4 per cent, and premature deaths due to indoor air pollution by 31 per cent (Liu et al., 2018).

4. International Cases

The case studies show that a growing number of countries consider integrated co-governance of climate, air pollution and development as a key strategy for achieving their domestic development agendas while simultaneously meeting international commitments to sustainable development and the mitigation of climate change. The countries highlighted have different levels of economic development and different internal objectives. While they have taken different paths to integrated co-governance, there are similarities in their experience and good practices that can be drawn on.

Each of the countries carried out integrated assessments of policies or measures, using a variety of tools and methodologies, to help them assess the co-benefits for climate change mitigation, health, socio-economic development and delivering the SDGs. To ensure that coordinated action will deliver the maximum benefit and reduce the risk of policy failure, integrated assessments of all air pollutant and greenhouse gas emissions are needed. The integrated assessment of short-lived climate pollutants (SLCPs) and greenhouse gases enabled Ghana and Mexico to identify opportunities to reduce co-emissions, while Norway emphasized the usefulness of integrated assessments in identifying the synergy or lack of it. All countries found that integrated assessments aided robust decision making and monitoring those decisions once they had been implemented.

The local benefits and immediate results of action, both for air quality and climate change mitigation, are important development concerns in many countries and are a key ingredient for developing greater ambitions for emissions reductions. Quantifying impacts on public health are a key driver for action in all cases, even in countries such as Finland which have relatively good air quality. Highlighting the distributional impacts of action, particularly the burden on socio-economically vulnerable populations, was a key conclusion in the UK. Norway's study highlights the importance of assessing the impact of policies over multiple time scales. It found that measures addressing NO_X emissions cause short-term warming but provide health and environmental benefits. It shows that although near-term public health benefits are substantial incentives for action, the implications for climate change could help policy makers balance objectives to achieve a better mix of positive results.

Specific local or regional vulnerabilities to emissions can play an important role in policy making and can be a driver for integrated action. The vulnerability of the Arctic region to BC and other emissions is a crucial driver of coordinated climate mitigation and air pollution action for both Finland and Norway.

A number of cases highlight the importance of a cross-government approach to achieve efficient and sustainable co-governance. The formation of a multi-sectoral working group in Ghana was key to delivering harmonized data and scenarios for an integrated assessment, and for the quick acceptance and uptake of the results across the government. Similar working groups were developed in Mexico and Norway. Chile's case highlights the importance of the multi-stakeholder and multiple-benefits approach for ensuring the broad acceptability and sustainability of policies.

These case studies also show that integrated assessments and co-governance approaches are powerful tools for developing cost effective and coherent policy decisions. These examples demonstrate that coordinated actions increase the chance of success and help justify the allocation of financial, technical and human resources, convincing politicians of the need to move decisively and rapidly.

5. Conclusions

Decades of scientific evidence has established a strong case that climate change and environmental pollution are inexorably connected. Many air pollutants have impacts on the climate, and they are often emitted from the same sources as greenhouse gases, such as CO_2. This link provides an opportunity to design policies and actions that mitigate climate change and reduce air pollution simultaneously, which increases benefits and minimizes costs. The efficiencies achieved through co-governance can increase policy acceptability, policy coherence, sustainability, and spur greater mitigation ambition.

Despite the clear benefits of co-governance, governments have historically managed environmental pollution and climate change separately. The case studies presented in this report, however, show that a growing number of countries see integrated co-governance of climate, air pollution and development as a key strategy to achieve their domestic agendas while simultaneously meeting international sustainable development and climate commitments. While examples like these are increasing in frequency, they are still not an international norm. Succeeding at meeting our common goals for the climate, environment and sustainable development requires that we continue to build on these examples to unlock greater ambition for mitigation in all sectors.

6. Policy recommendations for China

A. Embed a medium- to long-term co-governance strategy in the 14th Five-Year Plan;

B. Expand the coal cap programme, achieve early peaking of carbon emissions in coastal provinces and cities and encourage deep decarbonization in energy intensive sectors;

C. Accelerate development of China's national carbon market and expand coverage to all major emitting sectors;

D. Strengthen the Ministry of Ecology and Environment's capacity to support co-governance;

E. Promote co-governance in the Green Belt and Road Initiative.

7. Recommendations for the world

A. Governments should continue to explore and implement co-governance approaches to harmonize climate and environmental policy;

B. International and regional organizations and agencies should share good practice and tools among nations and regions;

C. Integrated assessments of climate and air quality strategies should become common practice to support robust and harmonized policymaking.

Chapter 1 Introduction

In 2015, 196 countries signed the Paris Agreement, aiming to limit global warming to well under 2° C above pre-industrial levels by transforming their individual development trajectories and setting the world on a path towards sustainable development. In this context, the world established a common objective of co-governance of climate, environment and social development, and recognized that the path that humanity takes to reach its climate target is crucial.

Similarly, the United Nations (UN) 2030 Agenda for Sustainable Development, adopted in 2015, emphasizes the linked and indivisible nature of social, economic and environmental harms. Targets related to air quality, for example, are linked to such priorities as health, sustainable cities, production patterns and climate change mitigation. In addition, climate action and climate recovery are at the core of the transformation of the sustainable development system and are present throughout the entire sustainable development agenda.

National governments are addressing climate change in the context of their domestic priorities. In nearly all countries, the most important driving force for national climate policy is not just avoiding long-term impacts but also achieving near-term sustainable development objectives, including, most prominently, curbing domestic air pollution (IPCC, 2014). Since the sources and impacts of air pollution and climate change are closely linked, focusing on solutions that deliver multiple benefits for air pollution and other development goals will allow countries to take ambitious action that aligns with both their near-term sustainable development objectives and long-term global climate mitigation.

Despite their connected nature, many countries address air pollution, climate and developmental issues separately, which often leads to missed opportunities and poorly integrated policies. Policies that fail to recognize the connections between air quality, climate and public health can bring unforeseen negative consequences as well as slowing or inhibiting action that combats these threats. Integrated policies on climate change and air pollution, on the other hand, can amplify benefits, increase the acceptance and sustainability of action, and catalyze even greater mitigation ambition.

1.1 Connected threats call for integrated solutions

The *Special Report on Global Warming of 1.5°C* highlights that climate change, air pollution and sustainable development are closely linked (IPCC, 2018). Even in the Intergovernmental Panel on Climate Change's (IPCC) *First Assessment Report* published in 1990, air pollutants, such as particulate matter (PM), carbon monoxide (CO) and sulphur dioxide (SO_2) were recognized for their direct and indirect impacts on the climate (IPCC, 1990a) (Figure 1.1). These climate-forcing air pollutants are often co-emitted and well mixed with greenhouse gases, such as carbon dioxide (CO_2) and methane (CH_4), from major sources including fossil-fuel combustion and exploitation, industrial production, agriculture and animal husbandry, waste disposal and land-use change. Once emitted, these pollutants interact with one another in complex ways, affecting climate and polluting the air. For example, CH_4 contributes to the formation of tropospheric ozone (O_3), a

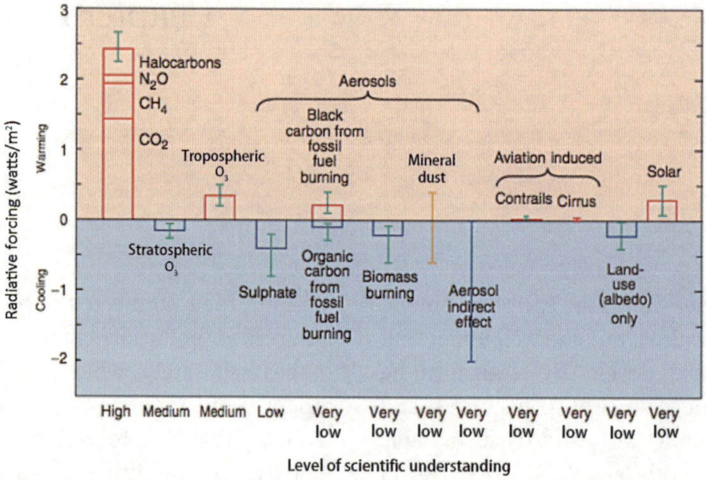

Figure 1.1 Global mean radiative forcing of the climate system, 2000 relative to 1750
Source: IPCC.

powerful air pollutant and greenhouse gas.

These pollutants not only have near- and long-term impacts on the climate, but also have immediate impacts on human health. According to the World Health Organization (WHO), nearly 7 million people die prematurely each year from exposure to particulate matter with an aerodynamic diameter equal to or less than 2.5 micrometers ($PM_{2.5}$) both inside and outside the house (WHO, 2016). Exposure to $PM_{2.5}$ is proven to contribute to several adverse health effects, including asthma, other respiratory illnesses and heart disease, and has been linked to cancers, diabetes, increased risk of dementia, impaired cognitive development and lower intelligence levels (UNICEF, 2017). Tropospheric O_3, which forms in the atmosphere when other pollutants such as SO_2, CO and CH_4 interact in the presence of sunlight, is particularly dangerous to children, older adults and people with lung or cardiovascular disease and can worsen bronchitis, emphysema and asthma, and may permanently scar lung tissue.

The interconnected nature of air pollution and climate change means that many of the measures taken to address climate change or reduce air pollution are likely to result in significant near-term multiple benefits for sustainable development and climate change mitigation. Some measures may, however, negatively impact other sustainable development goals by incidentally increasing one type of emissions while reducing another. Poorly designed policies and measures that do not account for these connections may unwittingly multiply the costs arising from our current, risky pathway. Understanding the interactions between these factors is key to the selection of mitigation and adaptation options and the coordination of policies that maximize synergies and minimize trade-offs between climate and sustainable development.

1.2 Major co-benefits of climate change action

Numerous recent studies show that action to mitigate climate-forcing emissions can rapidly generate positive impacts on economies and social welfare through significant benefits for public health and ecosystem sustainability. A recent model analysis found, for example, that stricter climate near-term mitigation consistent with a 1.5° C pathway could lead to 110–190 million fewer premature deaths from reduced air pollution, compared to 2° C pathways (Shindell et al., 2018). Similarly, a recent integrated air pollution and climate change mitigation assessment for Asia and the Pacific found that implementing 25 measures to improve air quality could simultaneously reduce co-emitted CO_2 by nearly 20 per cent by 2050 (UNEP and CCAC, 2018).

Since public health impacts of increased air pollution, damage to staple crops and climate impacts are external costs not reflected in market prices, policy makers often underestimate or even ignore them when formulating or implementing policies. Analyzing the external costs associated with emissions, however, has great implications for policy making. According to a United Nations Economic Commission for Europe (UNECE) study, the average financial value of health benefits per reduced tonne of CO_2 is between US$ 58 and US$ 380 globally. Such benefits are greater in developing countries than in developed ones. In 2030 the health benefits in East Asia will be about 10–70 times the marginal cost of abatement (UNECE, 2016). In 2011 UNEP and the World Meteorological Organization (WMO) conducted an integrated assessment of short-lived climate pollutants (SLCPs) control measures which could slow the global rate of warming by half, while saving roughly US$ 4–32 billion annually from the avoided crop-yield losses (using world market prices) and US$ 2–10 trillion each year from the avoided health damage (UNEP and WMO, 2011) (Box 1.1).

Box 1.1 Short-lived climate pollutants

The UNEP and WMO *Integrated Assessment of Black Carbon and Tropospheric Ozone* was based on the understanding that "*although changes in air quality and climate typically occur at different temporal and spatial scales, many aspects of these issues are closely linked*" (UNEP and WMO, 2011). From approximately 2,000 potential measures, the assessment selected a package of 400 that produce net near-term multiple benefits for climate and air quality, and a smaller group of 16 SLCP measures that collectively achieve nearly 90 per cent of the overall climate impact and reduce air pollution. These measures focused on major sources of CH_4 and black carbon (BC), which along with hydrofluorocarbons (HFCs), are known as SLCPs.

Full global deployment of the 16 SLCP measures could cut the current rate of warming by half, avoiding 0.5° C of additional warming by 2050, 2.5 million premature deaths per year from reduced outdoor $PM_{2.5}$ exposure and the loss of more than 52 million tonnes of crops currently destroyed by outdoor O_3 air pollution. Similarly, a subsequent report on HFCs found that their phase-out could avoid another 0.1° C of warming by 2050 (Xu et al., 2013).

Low-carbon policies usually have positive impacts on the fiscal and taxation system. An International Monetary Fund (IMF) report proposes that the top 20 greenhouse-gas-emitting countries impose a domestic carbon tax of around US$ 57 per tonne of emitted CO_2 to address the challenge of policy distortions caused by currently prevalent fossil-energy subsidies and low energy prices. Such a measure could generate a tax income equivalent to about 2 per cent of the 20 countries' gross domestic product (GDP). In that case, these countries can afford to reduce other taxes, such as income tax, to improve the overall fiscal structure by reducing distortions without affecting their total tax revenue. Such benefits, combined with reduced health damage associated with fossil-fuel emissions, would bring synergistic benefits often larger than the cost of abatement caused by carbon pricing (Parry *et al.*, 2014).

Some case studies show that climate change mitigation also brings about synergies in improvements in energy efficiency and renewable energy development. Synergistic benefits in this area could equal about 50–350 per cent of the project investment. Research also shows that certain forest projects may achieve non-climate synergies equivalent to 53–92 per cent of their total revenue (Ürge-Vorsatz et al., 2014). In addition, synergies are reflected in the macro economy. For example, increasing climate-related capital and labour inputs will affect economic growth and the labour market. In terms of distribution, climate policies can have different welfare effects on different income groups, reducing income inequality and increasing human capital investment.

It is worth noting that because some benefits are hard to monetize, such as improvements in ecosystems, water resources and natural environment resilience, most studies currently include only synergies that can be easily calculated, such as public health, in their assessment of the synergetic effects between climate policy and the social cost of carbon. For example, the economic benefits of avoiding passing climate tipping points, such as the collapse of Arctic summer sea-ice, or avoiding the increase in climate-driven disasters and extreme weather events are not well captured in models. As a result, the real economic value of the synergistic benefits is likely higher than those estimated by these studies.

1.3 From co-benefits to co-governance

Although the term co-benefits has been used in both academia and official documents since the 1990s, it was not until 2001 that the IPCC's *Third Assessment Report* formally defined it in the climate context as "*the non-climate benefits of greenhouse gas mitigation policies.*" Since then, the concept of co-benefits has evolved to be more inclusive and balanced. In addition to the frequently discussed environmental, health and economic co-benefits, climate mitigation policies can, for example, have co-benefits for food production (Chuwah, 2015). In 2018 the IPCC expanded the concept of co-benefits to "*the positive effects that a policy or measure aimed at one objective might have on other objectives, thereby increasing the total benefits for society or the environment*" (IPCC, 2018). This report follows that IPCC definition and focuses on the multiple benefits of integrated policy solutions.

The evolved definition of co- or multiple benefits has strong implications for co-governance of climate and environment issues. First, it emphasizes win-win or multi-win strategies that achieve more than one goal through the implementation of a policy. Second, it underlines the joint implementation of policies which impact climate and air pollutants. From an economic point of view, this integration can reduce policy implementation costs, thus contributing to the formation of cost-optimized policies (Tan *et al.*, 2018). By focusing on both the immediate and long-term benefits of action, policymakers and planners can quantify and communicate the importance of taking action that not only controls global temperature rise but also improves local air quality, livelihoods and the economy.

Co-governance of climate and the environment can frame local/national circumstances and policy priorities within global targets to reduce greenhouse gases, achieve sustainable development and enable urgent air pollution control action consistent with climate change responses. Co-governance should be based on sufficient understanding of the characteristics of both issues. Air pollution and climate change have different temporal and spatial scopes. While air pollution has impacts on human health and ecosystems at local and regional scales in the short term, climate change impacts are global and cumulative in the medium to long term. In the early stages of decision making, both short- and long-term action should be considered in an integrated manner. For countries with heavy air pollution, control measures have significant co-benefits for greenhouse gas emissions mitigation in the near term. In the long term, however, air pollution control measures alone are unlikely to meet the target of achieving net zero global CO_2 emissions; other measures such as carbon capture and storage technologies will also be needed.

Thanks in large part to the growing number of integrated assessments, tools and good examples, international interest in applying integrated co-governance approaches to solve connected climate, environmental and development problems have grown substantially since the early 1990s. Many countries are now assessing the benefits of integrating their climate and air pollution strategies and measures. In 2017, for example, Canada released its first national strategy on SLCPs that addresses climate and air quality concerns concurrently (Government of Canada, 2019). Another example is China's integrated air pollution control policies, discussed in Chapters 2 and 3, which have become one of the most important driving forces for China's response to climate change, promoting the transition towards a cleaner energy and greener economic structure as well as achieving other Sustainable Development Goals (SDGs).

This report presents local and national examples from China and other countries, which demonstrate the growing interest in and application of integrated co-governance approaches around the world. The report consists of five chapters. Chapter 1 introduces the background for co-governance of climate change, the environment and sustainable development. Chapter 2 synthesizes China's climate and environment co-governance practices using national, regional, municipal and industrial case studies. Chapter 3 examines the future impacts of China's co-governance of climate change and the environment. Chapter 4 analyses good practices from six other countries, Chile, Finland, Ghana, Mexico, Norway and the United Kingdom (UK). Chapter 5 concludes the report and provides policy recommendations for China and the world as a whole.

References:

Chuwah, C., Noije, T. V., Vuuren, D. P. V., Stehfest, E., and Hazeleger, W. 2015. Global impacts of surface ozone changes on crop yields and land use. *Atmospheric Environment* 106(161), pp. 11-23.

Government of Canada. 2019. *Short-lived climate pollutants*. https://www.canada.ca/en/services/environment/weather/climatechange/climate-action/short-lived-climate-pollutants.html (accessed 2 August 2019).

IPCC. 1990a. *First Assessment Report*. Intergovernmental Panel on Climate Change.

IPCC. 1990b. *First Assessment Report (AR1) Working Group I, Summary for Policy Makers*. Intergovernmental Panel on Climate Change.

IPCC. 2014. *Climate Change 2014: Mitigation of Climate Change. Contribution of Working Group III to the Fifth Assessment Report of the Intergovernmental Panel on Climate Change*. Cambridge University Press.

IPCC. 2018. *Global Warming of 1.5° C. An IPCC Special Report on the impacts of global warming of 1.5° C above pre-industrial levels and related global greenhouse gas emission pathways, in the context of strengthening the global response to the threat of climate change, sustainable development, and efforts to eradicate poverty*. Intergovernmental Panel on Climate Change.

Parry, I., Veung, C. and Heine, D. 2014. *How much carbon pricing is in countries' own interests? The critical role of co-benefits*. International Monetary Fund. https://www.imf.org/external/pubs/ft/wp/2014/wp14174.pdf (accessed 28 August 2019).

Shindell, D.T., Faluvegi, G., Seltzer, K., and C. Shindell 2018. Quantified, localized health benefits of accelerated carbon dioxide emissions reductions. *Nature Clim. Change* 8, pp. 291-295, doi:10.1038/s41558-018-0108-y.

Tan, Q., Wen, Z. and Yang, H. 2018. Review and Recommendations on the Co-benefits of Controlling Greenhouse Gases and Atmospheric Pollutants. *Environment Protection* 46(24), pp. 53-59. [Chinese].

UNECE Programmes. 2016. *The Co-benefits of Climate Change Mitigation*. United Nations Economic Commission for Europe. http://www.unece.org/fileadmin/DAM/Sustainable_Development_No._2__Final__Draft_OK_2.pdf (accessed 28 August 2019).

UNEP and WMO. 2011. *Integrated Assessment of Black Carbon and Tropospheric Ozone*, United Nations Environment Programme and the World Meteorological Organization.

UNEP and CCAC. 2018. *Air Pollution in Asia and the Pacific: Science-based Solutions*. United Nations Environment Programme and Climate & Clean Air Coalition.

UNICEF. 2017. *Danger in the air: How air pollution can affect brain development in young children*, United Nations Children's Fund.

Ürge-Vorsatz, D., Herrero, S.T., Dubash, N.K. and Lecocq, F. 2014. Measuring the co-benefits of climate change mitigation. *Annual Review of Environment and Resources* 39, pp. 549-582.

WHO. 2016. *Burden of disease from the joint effects of Household and Ambient Air Pollution for 2012 – V2 Updated for 2016*. World Health Organization. https://www.who.int/phe/health_topics/outdoorair/databases/AP_jointeffect_BoD_results_Nov2016.pdf?ua=1 (accessed 18 July 2019).

Xu Y., Zaelke D., Velders G.J.M. and Ramanathan, V. 2013. The role of HFCs in mitigating 21st century climate change. *Atmospheric Chemistry and Physics 13*, pp. 6083-6089. https://doi.org/10.5194/acp-13-6083-2013 (accessed 28 August 2019).

Chapter 2 China's practice

China has experienced rapid social and economic growth over the past four decades. Between 1979 and 2018, gross domestic product (GDP) grew at an average annual rate of 9.4 per cent, which was much higher than the world's average of 2.9 per cent (National Bureau of Statistics, 2019). Over the same period, China's population grew from around 0.98 billion to about 1.4 billion, while civil vehicle ownership increased sharply from 1.6 million to 232.3 million. This growth, however, has also led to significant environmental pollution and greenhouse gas emissions. Since these are largely generated by the same sources, co-benefits from their reduction have strong policy implications for China's response to both climate change and the control of atmospheric pollutants.

Spurred by urgent demands for the alleviation of air pollution and its international climate pledge[1], China has made tremendous efforts to strengthen policies to address environmental and climate challenges. The annual average population-weighted $PM_{2.5}$ concentration has fallen from around 66 micrograms per cubic metre (μg/m³) in 2005 to around 53 μg/m³ in 2017 (Health Effects Institute, 2019). CO_2 emissions per unit of GDP in China have fallen by 45.8 per cent in 2018 compared to 2005 (MEE, 2019). Comprehensive action has been taken to foster co-governance of the environment and climate through integrated action at a national level, sub-national and regional cooperation, action at the municipal level, and through initiatives targeting major emitting sectors.

2.1 China's policies on co-governance since the 10 th Five-Year Plan

2.1.1 National strategic planning for co-governance

China's most important national strategic plan is the *National Five-Year Plan for Economic and Social Development (FYP)*. This sets goals, main tasks and major initiatives for the country's economic and social development for the following five years. Since the 10th FYP (2001–2005), an increasing number of targets have been set in support of co-governance of the environment and climate.

The 10th FYP attached great importance to the environment and highlighted its protection as an important part of economic development and improving people's quality of life. Despite explicitly raising the general goal, only a few specific indicators related to the environment and climate were established – for the reduction of total emissions of major pollutants, mainly SO_2, and forest cover (Table 2.1). At the end of the period, the target of forest cover had been achieved, while, rather than decreasing, total SO_2 emissions had gone up, causing the Chinese government to implement more stringent energy conservation and emissions reduction regulations for the future (Wang et al., 2018a).

In the 11 FYP (2006–2010), the reduction of an energy intensity, defined as energy consumption

1. China committed to CO_2 emissions peaking by 2030 or earlier in its Nationally Determined Contribution (NDC) submitted in 2015.

per unit of GDP, was added as a new target. For the first time, the FYP set anticipatory targets and obligatory targets for the country's economic and social development. While anticipatory targets, based on voluntary actions of market entities, reflect what the government want to achieve, obligatory targets are governmental obligations, which are strongly enforced by relevant agencies. Most environmental and climate targets introduced since the 11th FYP were obligatory.

China put forward its first pledge on CO_2 emissions reduction in 2009, committing to lower its carbon intensity, defined as CO_2 emissions per unit of GDP, by 40- 45 per cent below 2005 levels by 2020. To honor this, China introduced two new indicators in its 12th FYP (2011–2015): the reduction of carbon intensity and the share of non-fossil energy in primary energy consumption. The scope of air pollutant emissions control was also expanded by the inclusion of a new target for the reduction of total emissions of nitrogen oxides (NO_X). As a result of these measures, the 12th FYP includes targets for both environmental pollutants and greenhouse gas emissions.

Considering the urgent demand for improvements in air quality, two more indicators have been added in the 13th FYP (2016-2020): days with good or excellent air quality in cities at the prefecture level and above, and the reduction of $PM_{2.5}$ concentrations in non-attainment cities at the prefecture level and above. This reflects a transition in the core strategy for air quality management–from controlling amounts of pollutant emissions to improving air quality (Xie, 2019). Overall, the gradual improvement of target-setting in FYPs reflects China's overarching objective of strengthening co-governance of air

Table 2.1 Targets listed in China's National Five-Year Plans for co-governance of the environment and climate

Indicator	Target				Actual performance		
	10th FYP (2001–2005)	11th FYP (2006–2010)	12th FYP (2011–2015)	13th FYP (2016–2020)	10th FYP (2001–2005)	11th FYP (2006–2010)	12th FYP (2011–2015)
Energy consumption reduction per unit of GDP (%)		20.0①	16.0①	15.0①		19.1①	18.2①
Share of non-fossil energy in primary energy consumption (%)			11.4②	15.0②			12.0②
CO_2 emissions reduction per unit of GDP (%)			17.0①	18.0①			20.0①
Reduction of SO_2 emissions (%)	10.0①	10.0①	8.0①	15.0①	-27.8①	14.3①	18.0①
Reduction of NO_x emissions (%)			10.0①	15.0①			18.6①
Days of good or excellent air quality③ in cities at the prefecture level and above④ (% of the year)				>80②			
Reduction in $PM_{2.5}$ concentration in non-attainment cities at the prefecture level and above (%)				18.0①			
Forest cover(%)	18.2②	20.0②	21.66②	23.04②	18.2②	20.36②	21.66②
Forest growing stock (100 million m^3)			143②	165②			151②

Notes: ① 5-year cumulative total; ② by the end year of the FYP period; ③ days of good or excellent air quality refers to the days with an Air Quality Index of 0–100; ④ cities at or above prefecture level include municipalities, cities or regions at prefecture level, autonomous prefectures and leagues in China.

pollution and climate at the national level.

2.1.2 Strengthening environmental and climate regulation and institutional arrangement

To implement and manage the strategy and targets articulated in the FYPs, China has established and modified a comprehensive system of environmental regulations and institutions. The legal requirements for improving air quality, controlling greenhouse gas emissions, increasing the use of energy from renewable sources and enhancing energy efficiency are mainly contained in the *Air Pollution Prevention and Control Law*, the *Renewable Energy Law* and the *Energy Conservation Law*.

The *Air Pollution Prevention and Control Law*, first formulated in 1987 and amended in 1995, 2000, 2015, and 2018, aims to prevent air pollution, protect public health and promote the sustainable economic and social development in China. The early versions of the law mainly control emission of SO_2, NO_X, dust and harmful gases by stipulating emission standards for factories, power plants, motor vehicles and ships. The 2015 and 2018 versions, however, show a significant change in the country's strategy for air pollution governance from individual pollutant emissions controls to overall air quality improvement, which highlights the regulation of emissions sources rather than just focusing on the end-of-pipe emissions. The new versions clarify the role of source control and planning in air pollution prevention, including optimizing the industrial structure and upgrading the energy mix. Furthermore, they highlight regional joint prevention and control, while, the co-governance of greenhouse gases and such air pollutants as PM, SO_2, NO_X, ammonia (NH_3) and volatile organic compounds (VOCs) is proposed for the first time.

An accountability and performance target evaluation system has been established in China to enforce environmental and climate governance. Major targets are established at the national level and then disaggregated to provincial and lower levels of government. The targets are also broken into explicit objectives and measures at different levels of government. The *Energy Conservation Law* acts as support to the accountability and performance target evaluation system on energy conservation in China. It mandates the inclusion of energy conservation performance parameters in the evaluation criteria for local-level government and officials. Local governments and officials who fail to meet energy conservation targets face numerous penalties, such as the denial of eligibility to receive any honours or awards for that year. Additionally, any new energy-intensive projects planned for construction in the corresponding regions can be suspended until targets are met. The accountability and performance target evaluation systems, which are clarified in the *Air Pollution Prevention and Control Law*, are also used to control total air pollutant emissions and improve air quality. Total discharge quotas of key pollutants are allocated to provincial-level governments for implementation. For regions that fail to meet their targets, environmental impact assessment approval for new construction projects that may cause an increase in total key pollutants emissions in the region can be suspended. Inclusion of energy conservation and pollutant mitigation performance as part of the performance evaluation criteria is notable because, until recently, the evaluation system for government officials was dominated by criteria tied to local GDP growth. During the 11th FYP period, the target on energy intensity and SO_2 emissions were disaggregated to the provincial level and in the 12th FYP period, the targets for carbon intensity and NO_X emissions were also disaggregated. In the 13th FYP period, total energy consumption was proposed as a new indicator in the *Comprehensive Work Plan of Energy Conservation and Emission Reduction in the 13th Five-Year Plan Period* and then disaggregated to the provincial level.

Apart from the stringent command-and-control measures, market-based instruments for enforcing and incentivizing co-governance have gradually evolved. Carbon trading pilots in two provinces and five cities were operated in 2013, incorporating nearly 3,000 key emission entities in its framework. In 2017, the National Development Reform Commission (NDRC) issued the *Scheme of Building a National Carbon Emissions Trading Market for the Electric Power Industry*, which marks the official start of a national carbon cap-and-trade system (Section 2.4). The *Interim Regulations on the Administration of Carbon Emissions Trading* have been drafted to solicit comments in 2019.

Along with legislative improvement, there has also been progress in institutional arrangement in China. Before 2018, two different ministries are tasked with separately regulating CO_2 and air pollutants. The Ministry of Environmental Protection (MEP) was responsible for setting up policies and regulations for environmental protections except for climate change, and the Department of Climate Change of the NDRC developed and enforced climate policies. In 2018, the State Council restructured the MEP into the Ministry of Ecology and Environment (MEE) and transferred the Department of Climate Change in NDRC into the new MEE. It is anticipated that the merging of climate and environment functions will reduce the cost of coordination among different agencies, improve administrative efficiency and promote the treatment of environmental and climate issues (Wang et al., 2019).

As a result of these changes, China successfully fulfilled all the targets listed in the 12th FYP. Energy intensity, carbon intensity and total pollutant emissions have been significantly reduced, while the share of non-fossil fuels in the national energy mix, forest cover and forest growing stock have all risen quickly (Table 2.1). Predictably, almost all the targets in the 13th FYP will be met or exceeded. The share of non-fossil fuel in primary energy consumption, for example, had increased to 14.3 per cent by the end of 2018, which is very close to the target set for the end of 2020. Emissions of CO_2 per unit of GDP in China have fallen by 45.8 per cent in 2018 compared to 2005, which means the target for reducing CO_2 emissions per unit of GDP by 40–45 per cent in 2020 compared to 2005 has been achieved ahead of schedule. The average percent of attainment days on air quality of the 338 cities was 79.3 per cent in 2018, up by 2.6 per cent compared with that of 2015. (Ministry of Ecology and Environment, 2019; Ministry of Environmental Protection, 2016).

2.2 Exploring coordinated measures in the Beijing-Tianjin-Hebei region

In addition to national action discussed above, China is supporting subnational and regional cooperation for effective co-governance. The Beijing-Tianjin-Hebei (BTH) region provides a case in point. In 2017, the region, which covers approximately 2 per cent of the country's land area, was home to 8 per cent of China's population, produced 9.5 per cent of its GDP, and accounted for 10 per cent of its energy consumption and 7 per cent of its total coal consumption. (Energy Statistics Division of National Bureau of Statistics, 2018; National Bureau of Statistics, 2018). Due to its high population density, high energy intensity and heavy reliance on coal, BTH is one of the most polluted regions in China, with a high incidence of serious air pollution (MEP et al., 2013). In 2013, the annual average $PM_{2.5}$ concentration in the region was about 106 μg/m³, three times China's National Air Quality Standard of 35 μg/m³. The BTH region has been designated as one of the key areas for air pollution prevention and control. In 2013, the State Council set the target for the BTH region to reduce its annual average $PM_{2.5}$ concentrations by 25 per cent in 2017 compared to the 2012 level in the *Air Pollution Prevention and Control Action Plan*, which is known as the most stringent air pollution plan to date in China.

Due to the fluidity, diffusivity and inter-regional dynamics of air pollution, Beijing, Tianjin and Hebei Province have to work together to

solve their serious air pollution problem. In 2013, six ministries, including the MEP, NDRC, the Ministry of Industry and Information Technology (MIIT), the Ministry of Finance (MOF), the Ministry of Housing and Urban-Rural Development (MOHURD) and the National Energy Administration (NEA), jointly issued the *Implementation Details for the Action Plan of the Prevention and Control of Air Pollution in Beijing, Tianjin, Hebei and the Surrounding Areas* (Implementation Details) (MEP et al., 2013) and launched programmes for the joint prevention and control of air pollution in the area. Regional planning has been unified and a number of measures have been enforced, including but not limited to controlling of coal consumption, the readjustment of industrial structure and the reduction of vehicle fuel use. By 2017, the BTH region had achieved a 39.6 per cent reduction from 2013 in the annual average $PM_{2.5}$ concentration to $64\mu g/m^3$. The percentage of days attaining air quality standards increased by 49.3 per cent (MEE, 2019) and the number of days with heavy pollution decreased from 75 in 2013 to 28 in 2017 (Clean Air Asia. 2018a). Meanwhile, annual carbon intensity in Beijing, Tianjin, and Hebei Province dropped by 24, 29, and 29 percent, respectively, between 2013 and 2017.

2.2.1 Control of coal consumption

Coal combustion is a major source of air pollution, CO_2 emissions and consequent environmental degradation in the BTH region and China in general. *The Implementation Details* required Beijing, Tianjin, and Hebei Province to reduce their total coal consumption by 63 million tonnes in 2017 compared to 2012 levels, but by 2017, the BTH region exceeded the target by reducing its coal consumption by 71 million tonnes. Central government has set a further coal consumption reduction target of a 10 per cent by 2020 in the *13th Five-Year Plan for Ecology and Environment Protection*; the coal consumption of Beijing, Tianjin and Hebei Province in 2020 should be no more than 10 million, 41 million and 260 million tonnes, respectively. Beijing has set more stringent target to no more than 5 million tonnes by 2020 in its domestic plan.

The regulations on the phase-out of small-sized, coal-fired boilers were strictly enforced in the BTH region after 2013. Those with a steam-production capacity of 10 tonnes per hour or less were basically phased out in the region, and those with a capacity of 35 tonnes per hour or less were required to be basically closed down by 2020. In 2017, Beijing eliminated more than 27,000 coal-fired boilers, Tianjin retired or retrofitted 10,900 coal-fired boilers and Hebei Province eliminated 39,000 and retrofitted 311 others (Clean Air Asia, 2018b). Provincial and municipal governments have implemented specific policies to support the phase-out of small-scale coal boilers. Hebei Province, for example, provides a subsidy of RMB 30,000 per tonne of steam capacity for the phase out of coal-fired boilers and a subsidy of RMB 80,000 per tonne of steam for the replacement of coal-fired boilers with boilers powered by new energy sources.

The BTH region has also implemented the coal-with-electricity and coal-with-gas replacement programmes to phase out coal use in the residential sector. About 4.74 million households completed the replacement in 2016 and 2017, eliminating a total of 12 million tonnes of domestic coal consumption (Clean Air Asia. 2018a). A city/district variable subsidy of 50 - 100 per cent of the total equipment cost and a subsidy of around RMB 0.15–0.3 per kilowatt hour (kWh) of electricity or RMB 0.5–1.5/m^3 of natural gas are provided for the programmes. Every household in Beijing, for example, qualifies for a subsidy of up to RMB 12,000 from the municipal government for switching from coal-powered to electric heating. The households also enjoy an electricity subsidy of RMB 0.2 /kWh for space heating (Research Group of Dispersed Coal Governance in China Coal Consumption Cap Plan and Policy Research Project, 2017).

2.2.2 Readjustment of industrial structure

The BTH region is highly industry-intensive. The production of crude steel and flat glass in the region accounted respectively for 26 per cent and 23 per cent of the China's total production in 2015. As the biggest iron and steel producing province in China, Hebei Province alone produced 190 million tonnes of crude steel in 2017, which was greater than the total production of crude steel in the European Union (EU). To reduce its air pollution burden, the BTH region is required to enforce the phase-out of excessive capacity of major energy-intensive industries. Hebei Province set targets to control its production capacity of iron and steel, cement and flat glass to no more than 200 million tonnes, 200 million tonnes and 200 million weight boxes, respectively, by 2020, resulting in steelmaking capacity dropping to 238.72 million tonnes in 2017 from 320 in 2011, and ironmaking capacity falling from 317 million tonnes in 2011 to 244.01 in 2017 (The People's Government of Hebei Province,2018). Specific policy measures have been implemented to facilitate phaseing out overcapacity, including banning investment in capacity expansion for sectors with over-capacity, enforced retirement of out-dated capacity that does not meet current mandatory energy efficiency and pollutant emissions standards, and providing special incentive and compensation funds to support enterprises in staff resettlement and industrial transformation (Clean Air Asia, 2018a).

At the same time, the BTH region has taken steps to foster strategic new industries, including but not limited to information technology, high-end equipment and new materials, bioindustry, new energy vehicles, new energy, energy saving and environmental protection industries. The proportions of strategic new industries in its GDP are planned to be 30, 20 and 12 per cent respectively in Beijing, Tianjin and Hebei by 2020.

2.2.3 Reduction of vehicle fuel use

Many measures have been taken to phase out outdated low-efficiency and heavily-polluting vehicles. All gasoline vehicles with emission levels below the China 1 emissions standards[2] and diesel vehicles with emission levels below the China 3 emissions standards were phased out in Beijing and Tianjin by 2015, and in Hebei by 2017. Government subsidies have been introduced to facilitate the scrapping of these vehicles.

The deployment of new energy vehicles, including battery electric vehicles (BEVs), plug-in hybrid electric vehicles (PHEVs) and fuel- cell vehicles, are promoted. Increasing the stock of new energy vehicles is listed as a government target. Beijing and Hebei plan to increase the stock of new energy vehicles to about 400,000 and 300,000 respectively by 2020. Tianjin has established a target to add 20,000 new energy vehicles every year from 2018 to 2020. Priority is given to public buses and sanitation, postal and logistics vehicles. Subsidies are also provided to consumers to encourage the purchase of private electric vehicles and favorable policies for the registration of electric vehicles have been implemented.

In an effort to alleviate traffic congestion and air pollution, Beijing has also restricted private vehicles to driving on no more than six days per week based their number plates - the restrictions have also been applied in Tianjin.

2.2.4 Other action in the Beijing-Tianjin-Hebei region

Aside from the coordinated measures described above, strengthening end-of-pipe control of air pollutant emissions in the power, industriral, and transport sectors is also critical for air quality improvement. End-of-pipe emissions control for coal-fired boilers and natural gas boilers has been tightened in the BTH region. At present, all coal-fired power plants in the BTH region have completed the upgrading of ultra-low emissions with concentrations of PM, SO_2 and NO_X limited to 10, 35 and 50 milligrams per cubic metre (mg/m^3), respectively. Some large-scale coal-fired boilers were required to be retrofitted to match the performance of coal-fired power plants with ultra-low emissions. Natural gas boilers were required, through retrofitting, to achieve NO_X emission concentrations of 30mg/m^3 ~80mg/m^3. Efforts have been taken to tighten end-of-pipe emissions control for the iron and steel industry too - the BTH region has launched several demonstrations of ultra-low emissions in the iron and steel industry with hourly average emissions concentrations of PM, SO_2 and NO_x limited to 10, 35, and 50mg/m^3, respectively, in the sintering nose flue gas and pellets roasted flue gas. The tightening and enforcement of vehicle emissions standards have effectively curbed vehicle emissions. The China 6 emissions standards have been implemented in the Beijing, Tianjin and Hebei Province since July 2019.

2.3 Municipal action

China's municipalities are also working hard to achieve multiple benefits through co-governance. Municipalities including Beijing and Shenzhen have made major strides, and the national government is supporting innovation and action at the city level through a comprehensive and cross-cutting programme of pilot cities.

2.3.1 Beijing's experience in co-governance

As the capital of China, Beijing has experienced rapid economic development in the past decades. The GDP, population, and vehicle stock in 2017 were, respectively, 11.78, 1.74 and 4.35 times their equivalents in 1998 (UN Environment, 2019). The GDP per capita was more than US$ 20,000 in 2017. The permanent resident population is now 21.7 million and there are 5.99 million registered vehicles. Rapid economic and urban growth has resulted in the deterioration of urban air quality. The annual average concentration of $PM_{2.5}$ was 89.5 μg/m^3 in 2013, far exceeding the National Air Quality Standard of 35 μg/m^3, let alone the WHO guideline of 10 μg/m^3. Thanks to

2. China's vehicle emissions standards 1–5 are consistent EU ones. Limits in China's standard 6a are roughly consistent with Euro 6, but limits in China's standard 6b are stringent than Euro 6.

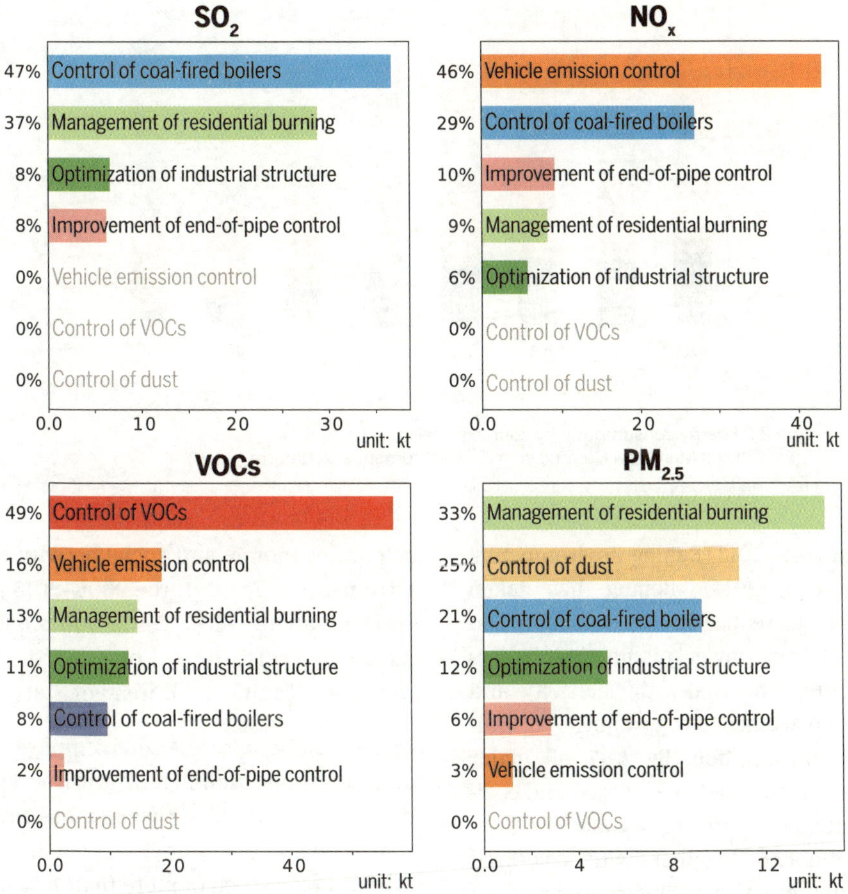

Figure 2.1 Contribution of measures to the reduction of major pollutant emissions in Beijing, 2013–2017
Source: UN Environment (2019).

intensive pollution control, the annual average $PM_{2.5}$ concentration in Beijing reduced sharply to 51 μg/m³ in 2018, 43 per cent lower than the 2013 level. Beijing also places great importance on CO_2 emission mitigation and has set the target of achieving peak CO_2 emissions by 2020.

The policy measures taken in Beijing are very comprehensive. An assessment to quantify the contributions of key policy measures to air quality improvement between 2013 and 2017 selected a total of 32 measures and classified them into seven categories - coal-fired boiler control, clean fuels in the residential sector, optimization of the industrial structure, improvements in end-of pipe control, vehicle emissions control, fugitive dust control, and the integrated treatment of VOCs (UN Environment, 2019). The contributions these measures made to the reduction of major pollutants are shown in Figure 2.1. The renovation of coal-fired boilers is the foremost contributor to SO_2 reductions and a major contributor to the reduction in NO_X and $PM_{2.5}$ emissions. The management of residential fuel use contributes to the majority of $PM_{2.5}$ emissions reductions as well as being a major contributor to reductions in SO_2 emissions. Vehicle emissions control is the foremost contributor to NO_X emissions reduction and a major contributor to VOC emissions reduction.

Coal combustion has been a major source of air pollution in Beijing. According to a $PM_{2.5}$ source apportionment study of Beijing released in 2014, coal combustion contributed 22.4 per cent of the

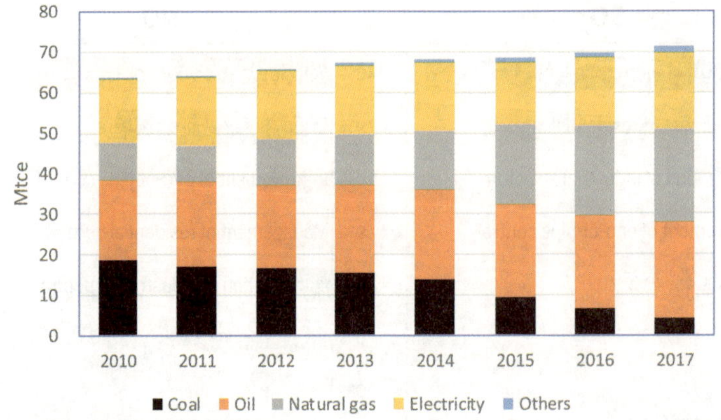

Figure 2.2 Energy consumption by source in Beijing, 2010–2017
Source: Beijing Municipal Commission of Development and Reform (2018)
Notes: Electricity here refers to the sum of net imported electricity and domestic non-fossil fuel power generation.

local sources in 2012–2013 (Beijing Environmental Protection Bureau, 2014). Beijing has taken strong measures to reduce its coal consumption by closing coal-fired power plants and boilers and implementing the coal-with-electricity and coal-with-gas replacement programmes to limit domestic coal consumption. By 2017, all major coal-fired power plants had been closed and coal-fired boilers with a capacity of less than 10 tonnes had been eliminated together with coal-fired boilers in urban areas with a capacity of less than 35 tonnes. As a result, coal consumption has fallen sharply from more than 18.8 in 2010 to 4 million tonnes of coal equivalent (Mtce) in 2017, when it accounted for less than 6 per cent of total energy consumption in Beijing (Figure 2.2). In a new $PM_{2.5}$ source apportionment study published in 2018, the contribution of coal consumption has fallen to about 3 per cent of the local sources in 2017, which implies that coal combustion is no longer a major contributor to $PM_{2.5}$ pollution in Beijing (Beijing Municipal Ecological Environment Bureau,2018).

2.3.2 Shenzhen's experience in co-governance

Shenzhen, located in the Guangdong-Hong Kong-Macao Greater Bay Area on the east bank of the Pearl River estuary, is one of China's four first-tier cities[3] with high population density and intense economic and social activity. Shenzhen's GDP nearly tripled in the 2008–2018 period and reached about RMB 2,400 billion, surpassing its counterpart Hong Kong for the first time (Shenzhen Municipal Bureau of Statistics, 2019).

In the past decade, Shenzhen employed a quality-oriented, innovation-driven, green and low-carbon development strategy that emphasizes economic transition and upgrading. GDP of Shenzhen grew at an average speed of more than 10% in the 2010-2013 period and more than 8% in the 2014-2017 period. Industrial output of strategic emerging industries in Shenzhen grew twice as fast as the GDP of the municipality. In the 12th FYP period, Shenzhen phased out or transformed over 17,000 businesses at the lower end of the industrial chain, in the midst of fast development of high-end, smart, service-related and green manufacturing. Energy intensity of Shenzhen decreased by 26.3% from 0.51 tce/RMB 10,000 in 2010 to 0.38 tce/RMB 10,000 in 2017. Carbon intensity decreased by more than 26% from 0.87 tCO_{2eq} /RMB 10,000 to 0.64 tCO_{2eq} /RMB 10,000. Shenzhen proposed in 2015 that it would achieve its carbon emissions peak around 2022, well ahead of the national target of 2030. Meanwhile, air quality of Shenzhen has improved significantly. Shenzhen has already

3. The first-tier cities of China are Beijing, Shanghai, Guangzhou and Shenzhen.

Table 2.2 The primary sources of CO_2 and $PM_{2.5}$ emissions in Shenzhen, 2018

Sector	CO_2 emissions (%)	$PM_{2.5}$ emissions (%)
Road traffic	49	41
Non-road traffic	12	11
Electric power and thermal power	23	8
Non-energy industries	3	15
Other	13	25

Source: Xu, 2019.

met the National Air Quality Standard (35 μg/m³). Its average annual $PM_{2.5}$ concentrations in 2018 was 26 μg/m³, ranking sixth out of 169 cities in the monitoring by the MEE, with 94.5 per cent of days having high-quality air.

The Shenzhen municipal government has long recognized the importance of co-governance of the environment and climate change mitigation. Specifically, Shenzhen identified the transport and power generation sectors as the two major contributors of both CO_2 and $PM_{2.5}$ emissions (Table 2.2) and implemented policies that target both sectors.

In August 2013, Shenzhen announced a plan to end coal-fired power generation. Today, only one coal-fired power plant remains in the city, and its power generation is rapidly shrinking. Shenzhen has replaced coal-fired power with power generated from natural gas and renewable sources, which now make up nearly 90 per cent of the city's total power generation capacity. Shenzhen has built 6 landfill gas power plants and is one of the leading cities in terms of power generation from landfill gas. The rapid development of distributed energy has also contributed to the realization of a low-carbon power future for Shenzhen. Shenzhen has actively promoted the use of new-energy vehicles, public transport and rapid bus transport, all aimed at a green, low-carbon transformation. While reducing greenhouse gas emissions, these measures also effectively curbed emissions of air pollutants and improve air quality. Shenzhen is the first mega-city[4] in China and the world to achieve 100 per cent electrification of its buses, with 16,359 electric buses, 510 bus charging stations and 5,000 charging points in operation in 2017 (Shenzhen Transportation Bureau, 2017). In 2019, Shenzhen went one step further by achieving 100 per cent electrification of the city's taxis.

Shenzhen was one of the seven carbon trading pilots in China and created the first carbon trading market in China. Its carbon trading system covered 40% of total emissions of the city. Cumulative trading volume for allowances amounted to 18.07 Mtce, equivalent to RMB 596 million. 635 enterprises were selected as the first batch of trading entities in the carbon trading program in 2013. The coverage of the program was further expanded to 881 enterprises in 2016. The carbon trading market in Shenzhen has by far the widest business coverage, the most dynamic trading activities and the most significant emissions reduction among all trading markets in China.

The carbon market facilitated the greening and decarbonization of electric power supply in Shenzhen. Power supply structure continued to optimize in the 2013-2017 period: the share of coal fired power generation in Shenzhen

4. cities with a population of more than 10 million people.

decreased from 46.5% to 39.1%, and the share of natural gas-fired power generation increased from 53.7% to 60.9%; total carbon emissions from coal-fired power generation decreased by 0.5 Mtce. Carbon intensity of coal-fired power generation in Shenzhen, which was already leading the nation among power generators of the same type, further dropped by 2.5%, and carbon intensity of natural gas-fired power generation dropped significantly by 8.9%, as a result of which the overall carbon intensity of the power generation sector went down by approximately 10%. Meanwhile, the average carbon intensity for manufacturing enterprises covered by the carbon trading system decreased by 34.8% from 0.43 tCO_2/RMB 10,000 to 0.29 tCO_2/RMB 10,000. Within the manufacturing industry covered by the carbon trading system, the share of industrial value-added for the five sub-industries with the lowest carbon intensities (e.g., computer communication and electronics manufacturing, pharmaceutical manufacturing and machinery manufacturing) grew from 88.8% in 2013 to 92.1% in 2017; its counterpart for the five sub-industries with the highest carbon intensities (e.g., metal surface treatment and electroplating, circuit board, rubber and plastic manufacturing) decreased significantly. Regulation for carbon emissions and stricter environmental standards accelerated the phase-out or upgrade of backward, lower-end production capacity. In the 2013–2017 period, more than 20 enterprises covered by the carbon emissions trading program were shut down or switched to production of other products due to their low value-added, high energy consumption and high pollution.

Box 2.1 Industrial waste heat recycling in Yinchuan City

Using recycled waste heat in urban housing can reduce carbon emissions and improve air quality concurrently. The Ningxia Hui Autonomous Region plans to take advantage of its large Eastern Ningxia Energy Chemical Industry Base and transfer waste heat through its *East Heat for the West* central heating pipe network, which is currently under construction. After the completion of the first and second phases of the project, more than 80 million square metres of housing serving a population of about 1.5 million in Yinchuan City will benefit from the recycled heat from power plants in eastern Ningxia. It is estimated that the project will help reduce the city's annual coal consumption by 1.3 Mtce, reduce energy costs by RMB 500 million and CO_2 emissions by approximately 2 million tonnes (DRC of Yinchuan, 2019).

Guided by the principle of green development, Shenzhen fulfilled the goals of substantial decrease in carbon intensity and significant improvement of air quality, while achieving economic growth of higher quality and higher competitiveness. Shenzhen has made a successful attempt to take on a sustainable path with harmonious, balanced development of the economy, society and the environment.

2.3.3 National pilot-city projects

China's central government has launched a large number of pilot projects aimed at promoting city-level low-carbon development, increasing the share of energy from renewable sources and increasing cities' resilience to flooding and other impacts of climate change. These pilot projects have been used to test new tools and instruments for climate change mitigation and adaptation, which also contribute to a higher environmental quality.

2.3.3.1 Low-carbon cities

One major initiative is the low-carbon-city pilot project run by the NDRC, which launched three batches of pilot low-carbon cities in 2010, 2012 and 2017 involving a total of 78 cities (NDRC, 2017; 2010). The 10 key tasks of the low-carbon-city pilot project are:

1. developing and improving low-carbon development mechanisms;
2. promoting energy use optimization;
3. building a low-carbon industrial system;
4. promoting urban and rural low-carbon construction and management;
5. accelerating the development and application of low-carbon technologies;
6. forming green and low-carbon lifestyles and consumption models;
7. promoting innovation in development models, institutional design and technology;
8. strengthening capacity building;
9. providing institutional support for low-carbon pilots;
10. setting models for the low-carbon development for other cities.

In selecting the three batches of pilot cities, the state considered different types of cities in central, eastern and western China and paid particular attention to a variety of local low-carbon initiatives (Wang et al., 2013). Dunhuang City in Gansu Province, for example, developed carbon neutral projects; Qinghai Province's Xining City explored a carbon credit system for its residents; Ankang City in Shaanxi Province explored carbon-credit ecological compensation and low-carbon industry poverty alleviation mechanisms; and Yinchuan City in Ningxia Hui Autonomous Region plans to take advantage of its large energy-chemical industry to recycle waste heat for rural housing (Box 2.1). Seventy-two out of the 78 low-carbon pilot cities announced that their CO_2 emissions would peak by around 2020 or 2025. All three batches of low-carbon pilot cities achieved reductions in both CO_2 and $PM_{2.5}$ emissions between 2010 and 2015 (Chen and Zhuang, 2018).

2.3.3.2 Renewable energy pilot cities

China needs to increase its share of power generation from renewable sources and nuclear power to more than 40 per cent of the total power generation by 2030 (Cai et al., 2018). Use of energy from renewable sources is not only crucial for climate change mitigation, but also plays a key role in pollution control and health protection (Cai et al., 2018). In order to increase the penetration of energy from renewable sources and improve its consumption, the NEA launched the first batch of 89 renewable energy pilot cities and industrial parks (NEA, 2014) as well as a number of high-proportion renewable energy pilot counties (BJX Power, 2016, 2018).The pilot cities and industrial parks aim to explore innovative business models for renewable energy development, emphasizing the decisive role of the market and providing incentives for various investors and buyers. Every pilot project has set its own target and development pathway. Datong City in Shanxi Province, for example, replaced more than 1 Mtce of coal supply with renewable energy in 2015, building distributed solar photovoltaics, large-scale photovoltaic power stations and distributed wind power and biomass power stations (NEA, 2014). The aim of establishing high-proportion renewable energy pilot counties is to explore production and consumption mechanisms for high small-scale renewable penetration, providing local experience for achieving high national-scale renewable energy penetration in the future. The NEA also plans to launch pilot projects to seek systematic solutions to complex, low-carbon, safe, efficient energy production and consumption (China Business News, 2019).

2.3.3.3 Sponge and adaptation pilot cities

To improve cities' resilience to water inundation, flooding and climate change, the State Council issued the *Guidelines on Promoting the Construction of Sponge Cities* and launched 30 sponge city pilots in 2015 (State Council Office, 2015). Two years later, the NDRC and the MOHURD issued the *Notice on the Pilot Project of Climate-Adaptive Urban Construction* and launched 28 city pilots (NDRC and MOHURD, 2017). The purpose of the Sponge City Pilot Project is to enhance cities' resilience to urban waterlogging through integrated approaches, considering the full urban water cycle as well as the anthropogenic and ecological demand

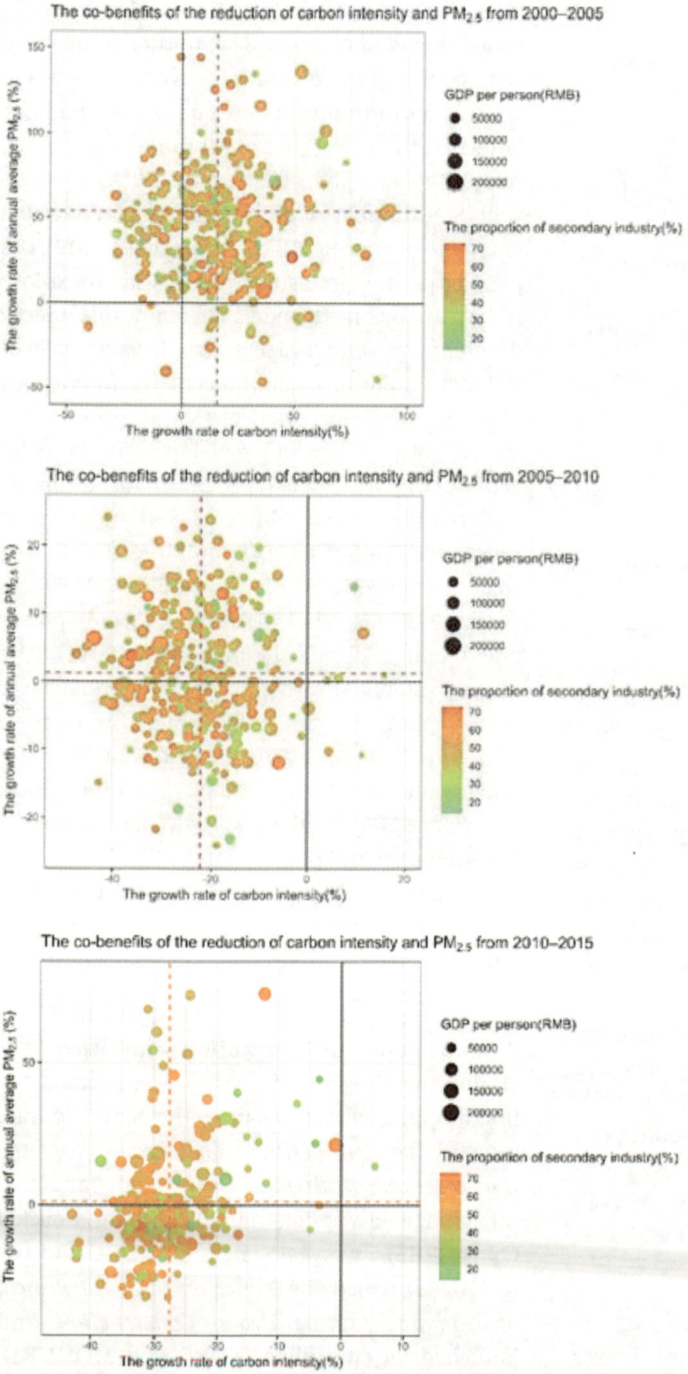

Figure 2.3 Carbon intensity and $PM_{2.5}$ concentrations in China's 286 Cities, 2000–2015[5]

for water in the cities (Wang et al., 2018 b). The construction of sponge cities in recent years has had positive results. The Chuanzi River in the urban area of Changde City, for example, was previously a black, odorous river channel, eliciting many complaints from local residents. Since the city became a pilot sponge city, the municipal government has taken comprehensive measures including river regulation and storage capacity improvement, flow management and water purification, greatly improving the ecology and environment of the river and increasing real-estate values in neighbouring areas (State Council Office, 2015).

Learning from the experience of the Sponge City Pilot Project, the climate change adaptation city pilots focus on not only water management, but also urban infrastructure design and construction standards to cope with extreme weather and climate events such as extremely high temperatures in summer, freezing storms in winter, droughts and urban flooding. In addition, climate change adaptation city pilots attempt to strengthen the construction of monitoring and alarm platforms for climate change and meteorological disasters, data collection and big data applications. Moreover, the cities aim to strengthen climate disaster management, improve urban emergency response capacity and develop a climate-resilient regime

5. Secondary industry, sometimes known as the production sector includes all branches of human activities that transform raw materials into products or goods. Compared to primary industry and tertiary industry, secondary industry consumed more energy and emits more CO_2 and air pollution.

Table 2.3 Overview of the seven carbon-trading pilots in China

	Launch date	Accumulated transaction amount, 31 July 2019 (mt)	Accumulated transaction turnover, 31 July 2019 (RMB million)
Guangdong Province	December 2013	112.30	1,588.80
Hubei Province	April 2014	322.19	7,452.12
Beijing	November 2013	29.69	642.02
Chongqing	June 2014	8.91	32.99
Shanghai	November 2013	36.76	443.21
Shenzhen	June 2013	62.50	1,795.60
Tianjin	December 2013	6.83	89.90

Note: Excluding first-class market transactions (quota auctions).

involving multiple stakeholders including the government, enterprises, communities and residents. Hefei City in Anhui Province, for example, built a comprehensive monitoring and alarm system for climate change and meteorological disasters consisting of 256 new monitoring stations with an average inter-station distance of 6.7 kilometers. The three-dimensional integrated meteorological-disaster monitoring network covers 100 per cent of streets and townships within its jurisdiction. The Meteorological Bureau of Shihezi City in Xinjiang Uygur Autonomous Region provided technical support and meteorological data services to improve the city's urban planning and experimented with real-life monitoring of cotton growth and peach quality, collecting necessary data to support the decision making for climate adaptation during its urban development (NDRC and MOHURD, 2017).

2.3.4 Results from pilot cities

Through regional co-governance, national pilot projects and local co-governance policy innovation, progress has been made in China's environmental and climate co-governance. An analysis of China's 286 cities in the 2000–2015 period reveals an increasing trend of joint reductions of carbon intensity and $PM_{2.5}$ concentration (Figure 2.3) (Center for Climate Change and Environmental Policy , 2018; van Donkelaar et al., 2018). Between 2000 and 2005, 72 per cent of these cities witnessed coupled increases in carbon intensity and $PM_{2.5}$ concentration, and only three, Heze, Tongchuan and Yulin, had joint decreases. From 2005 to 2010, 45 per cent of the cities achieved coupled decreases in carbon intensity and $PM_{2.5}$ concentrations, while 48 per cent experienced a decrease in carbon intensity but an increase in $PM_{2.5}$ concentrations. From 2010 to 2015, 58 per cent of the cities achieved joint decreases in carbon intensity and $PM_{2.5}$ concentrations, an increase of 13 per cent over the previous five-year period. However, 41 per cent of the cities still experienced a decrease in carbon intensity and an increase in $PM_{2.5}$ concentrations, indicating a need to further tighten controls on fossil-fuel consumption and end-of-pipe pollutant emissions in other sectors.

2.4 China's carbon trading market

In October 2011, China launched its pilot carbon market in two provinces, Guangdong and Hubei Provinces, and five cities, Beijing, Chongqing, Shanghai, Shenzhen and Tianjin. These seven pilot regions have been trading on the market since June 2013 (Table 2.3). As of May 2019, trading in these seven pilots had covered more than 20 industries, including power generation, cement, iron and steel, and chemical production. Nearly 3,000 key emitting entities participated in trading, with an accumulated turnover of almost 580 million tonnes of CO_2 or just more than RMB 12 billion.

In December 2017, China officially launched its national carbon-trading programme, which is expected to cover an estimated volume of more

Table 2.4 Measures for co-governance in the power industry

Category	Measures
Cap CO_2 emissions	Carbon market
Source control	Promote the deployment of energy from renewable sources and nuclear power
	Coal pre-combustion treatment
	Encourage importation of clean electricity from other provinces
	Optimize the structure of coal-fired power units – develop large coal-fired power units and phase out obsolete capacity
	Promote the deployment of combined heat-and-power units
Energy efficiency improvement	Promote advanced technologies
	Retrofit energy conservation technology
	Resource recycling – for example, waste heat recycling
System optimization	Coal plant flexibility retrofit, intelligent scheduling
	Full process optimization, information management

Source: Gu *et al.*, 2016; Wang, 2015; Wang et al., 2015; Hou and Shi, 2014; Mao et al., 2012.

than 3 billion tonnes of CO_2, making China the largest carbon market in the world. The national carbon market takes fossil fuel-based power generation industry as a starting point and will expand to others, including the chemical, petrochemical, iron and steel, non-ferrous metals, building materials, paper and aviation industries step by step. The estimated covering volume will account for approximately 45 per cent of the country's total CO_2 emissions.

The carbon trading pilot programme has generated synergistic benefits including enhancing the development quality of local economies, promoting energy conservation and emissions reductions, raising awareness of low carbon transformation, improving carbon-asset management capacity, and expanding financing channels for research and development in low-carbon technology and low-carbon projects. Meanwhile, the carbon market has incentivized the development of supporting services such as emissions verification, carbon accounting, carbon auditing, carbon-assets management, carbon financing, and carbon trading, all of which have created new employment opportunities.

China's carbon market pilot has also created synergies for ecological and environmental protection and poverty alleviation. Agricultural and forestry projects in poverty-stricken areas in Hubei Province, for example, have generated a total income of RMB 12.78 million by trading on the carbon market. In particular, the 55 household biogas projects traded on the carbon market have promoted the application of clean energy in rural areas while a bamboo carbon-sink project has helped alleviate poverty in mountainous areas of Hubei Province.

2.5 Sectoral action: electricity generation

The power industry, the largest source of carbon emissions in China, plays a crucial role in the country's low-carbon energy transformation. In 2018, China's power industry generated 6,994 terawatt hours (TWh) of electricity, approximately one quarter of the world's total electricity generation. In 2016, power generation and heat supply accounted for more than 40 per cent of China's energy-related carbon emissions. Although China's electricity consumption has continued to grow, carbon emissions in the power sector have generally stabilized since 2013, despite slight increases in 2017 and 2018, due to the rapid growth of clean power generation and increased efficiency of thermal power units. The growth of carbon emissions in the power sector has been much slower than that of electricity consumption and generation.

Electricity generation accounts for approximately 50 per cent of coal consumption in China; therefore, the power industry has always been a major focus of energy conservation and emissions reduction policy. Starting from the 11th FYP period, the Chinese government has strengthened the synergetic management of energy conservation and pollution reduction in response to increasingly serious environmental problems. For instance, the NDRC and NEA have issued the *Medium and Long-Term Development Plan for Renewable Energy* and the *Notice on Speeding-up the Shutdown of Obsolete Coal-fired Power Units*. China's State Environmental Protection Agency (later upgraded to the MEE) issued the *11th Five-Year Plan for Sulphur Dioxide Control in Existing Coal-fired Power Plants* and comprehensively promoted energy conservation and emissions reduction in the power industry.

As a result of various policy measures, the power industry has made substantial progress in energy conservation and pollution reduction, generating significant co-benefits of CO_2 emissions reduction. According to the China Electricity Council (CEC), the share of SO_2 emissions from the power industry fell from 51 per cent in 2005 to 9.7 per cent in 2016, and the share of NO_X emissions from 54.9 per cent in 2005 to 8.7 per cent in 2016. At the same time, the power industry reduced CO_2 emissions by 13.7 billion tonnes in the 2006–2018 period relative to 2005. The potential for further reductions in CO_2 emissions through traditional energy-saving and retrofitting energy-efficient technologies is very limited. The way forward is to shift from conventional pollution control and energy efficiency to CO_2 emissions mitigation (Wang, 2019).

Studies have shown that source control, energy efficiency and system optimization measures have significant co-benefits for CO_2 emission reduction whereas end-of-pipe control measures such as flue gas desulphurization and denitrification, generate negative impacts on CO_2 emissions. More stringent SO_2 pollutant control policies for coal-fired power generation and the steel sector, for example, will increase coal use for desulfurization, and the desulfurization processes will lead to higher CO_2 emissions (Gu, et al., 2016). This demonstrates the importance of conducting multi-criteria impact analyses of specific policies and seeking more effective and integrated approaches. Table 2.4 provides a list of measures for effective co-governance of climate and the environment in the power industry.

The specific co-governance policies and measures taken by the Chinese government include the following:

Promote the deployment of energy from renewable sources and nuclear power: the *Renewable Energy Law* and the feed-in tariff effectively facilitated the deployment of energy from renewable sources in China. The nuclear power industry is committed to the adoption and research and development of new technologies. As a result, the proportion of installed capacity contributed by non-fossil energy increased from 24.3 per cent in 2005 to 40.8 per cent in 2018, and the proportion of non-fossil power generation increased from 18.2 per cent in 2005 to 30.9 per cent in 2018.

Optimize the structure of coal-fired power generating units: in 2005, small coal-fired power, those generating units of 100 MW or less, in total 115 gigawatts (GW), accounted for 29.4 per cent of China's total coal-fired power generation capacity. These small units produced 35 per cent of China's total SO_2 emissions and 52 per cent of total smoke and dust emissions. The Chinese government has decided to replace small coal-fired power generating units with larger, more efficient ones. In 2007, the *Notice on Speeding Up the Shutdown of Obsolete Coal-fired Power Units* was promulgated. By the end of 2016, China had shut down 110 GW capacity from small coal-fired units, equivalent to 1.2 times the installed capacity of Germany (China Electricity Council, 2017). Meanwhile, the capacity and performance of newly built coal-fired power generating units have continued to improve. The proportion of large coal-fired power units of 300 MW or above reached 80.1 per cent in 2018 (China Electricity Council, 2018). Although the shutdown of small units has produced significant environmental benefits, these came at the cost of enormous economic losses and unemployment.

Promote the deployment of combined heat and power (CHP) units: the environmental and climate change impacts of CHP units are less than those of conventional industrial and heating boilers. The Chinese government encourages the replacement of coal-fired heating boilers with CHP units. The share of total installed capacity of CHP units increased from 17.8 per cent in 2005 to 43.6 per cent by the end of 2018 (Wang, 2019).

Provide fiscal support for retrofitting energy-saving technologies: the Chinese government has established a special fund to support the deployment of industrial energy-saving technologies and the development of energy-saving service industry. Energy-saving technologies such as steam turbine passage flow, frequency conversion retrofitting of pumps and fans, and plasma ignition have been widely promoted (Wang, 2015). Between 2006 and 2014, the central government's subsidy for energy conservation technological retrofitting in the industrial sector reached RMB 57.2 billion (US$ 8.5 billion)[6].

References:

Beijing Environmental Protection Bureau (Former). 2014. *Beijing officially publishes the research results of $PM_{2.5}$ source apportionment analysis.* http://sthjj.beijing.gov.cn/bjhrb/index/tpxw/606141/index.html [Chinese] (accessed 27 August 2019).

Beijing Municipal Commission of Development and Reform. 2018. *Beijing energy development report 2017.* Beijing Energy Conservation and Environmental Protection Center [Chinese].

Beijing Municipal Ecological Environment Bureau. 2018. *A new round of new scientific research results of source apportionment analysis.* http://sthjj.beijing.gov.cn/bjhrb/xxgk/jgzn/jgsz/jjgjgszjzz/xcjyc/xwfb/832588/index.html [Chinese] (accessed 27 August 2019).

BJX Power. 2016. *National energy administration supported the establishment of national demonstration counties of high-proportion renewable energy in Anhui Province.* http://news.bjx.com.cn/html/20160118/702244.shtml [Chinese] (accessed 27 August 2019).

BJX Power. 2018. *Program of Work of the Establishment of a National Demonstration County of High-proportion Renewable Energy in Jinhu, Jiangsu: To Reach Photovoltaic Installed Capacity of 500MW and above by 2020.* http://guangfu.bjx.com.cn/news/20180820/922052.shtml [Chinese] (accessed 27 August 2019).

Center for Climate Change and Environmental Policy, Chinese Academy for Environmental Planning. 2018. CITYGHG. http://www.cityghg.com/index.html (accessed 27 August 2019).

Cai W., Hui J., Wang C., Zheng Y., Zhang X., Zhang Q. and Gong, P. 2018. The Lancet countdown on $PM_{2.5}$ pollution-related health impacts of China's projected carbon dioxide mitigation in the electric power generation sector under the Paris Agreement: a modelling study. *Lancet Planetary Health* 2(4), pp. 151-161. https://www.thelancet.com/journals/lanplh/article/PIIS2542-5196(18)30050-0/fulltext (accessed 9 September 2019).

China Electricity Council. 2017. *Report on Clean Development of Coal-fired Power Industry in China.* China Electric Power Publishing House [Chinese].

China Electricity Council. 2018. *The 2018 Annual Report on the Development of China's Power Industry.* http://www.cec.org.cn/yaowenkuaidi/2018-06-14/181765.html [Chinese] (accessed 27 August 2019).

Chen N. and Zhuang G. 2018. Effective Evaluation on Low-carbon Pilot Cities of China. *Urban Development Studies* 25(10), pp. 94-101.

China Business News. 2019. The Central Government Launched Comprehensive Pilot Projects of the Energy Revolution: Why Include Shanxi? http://www.sohu.com/a/317491988_114986 [Chinese] (accessed 27 August 2019).

Clean Air Asia. 2018a. *Breakthroughs: China's path to clean air 2013–2017.* http://www.allaboutair.cn/a/reports/2018/1227/527.html (accessed 27 August 2019).

Clean Air Asia. 2018b. *China air 2018. Air pollution prevention and control progress in Chinese cities.* http://allaboutair.cn/uploads/soft/181227/ChinaAir2018_EN.pdf (accessed 27 August 2019).

DRC of Yinchuan. 2019. Deepening Understanding by Learning, Thinking, Practicing and Comprehending, Brave in Shouldering Responsibilities with Fortitude and Resolution, Driving the High-quality Development and Reform in Yinchuan. http://fgw.yinchuan.gov.cn/fzgggz/hgjj/201903/t20190319_1319831.htm [Chinese] (accessed 28 August 2019).

Energy Statistics Division of National Bureau of Statistics. 2018. China Energy Statistical Yearbook 2013-2017. http://tongji.cnki.net/overseas/engnavi/HomePage.aspx?id=N2012020066&name=YCXME&floor=1 [Chinese] (accessed 28 August 2019).

Gu A., Teng F. and Feng X. 2016. Effects of pollution control measures on carbon emission reduction in China: evidence from the 11th and 12th Five-Year Plans. *Climate Policy* 18(2), pp. 1-12. https://doi.org/10.1080/14693062.2016 [Chinese] (accessed 27 August 2019).

Health Effects Institute. 2019. *State of Global Air 2019.* www.stateofglobalair.org (accessed 29 August 2019).

6. Based on data from the Annual Review of Low-carbon Development in China (2014), and China's Policy and Action on Climate Change released in 2013, 2014 and 2015.

Hou J. and Shi D. 2014. Driving factors for the evolution of carbon dioxide emissions from electricity sector in China. *China Industrial Economics* 6, pp. 44-56 [Chinese].

Mao X., Xing Y., Hu T., Zeng A. and Liu S. 2012. An environmental-economic analysis of carbon, sulfur and nitrogen co-reduction path for China's power industry. *China Environmental Science* 32(4), pp. 748–756 [Chinese].

MEP, NDRC, MIIT, MoF, MOHURD, NEA. 2013. Implementation Details for the Action Plan of the Prevention and Control of Air Pollution in Beijing, Tianjin, Hebei and the Surrounding Areas. http://www.mee.gov.cn/gkml/hbb/bwj/201309/t20130918_260414.htm [Chinese] (accessed 27 August 2019).

MEE. 2019. *2018 Reports on the state of the ecology and environment in China*. Ministry of Ecology and the Environment. http://www.mee.gov.cn/hjzl/zghjzkgb/lnzghjzkgb/201905/P020190619587632630618.pdf [Chinese] (accessed 27 August 2019).

MEP. 2016. 2015 Report on the state of the environment in China. Ministry of Environmental Protection. http://english.mee.gov.cn/Resources/Reports/soe/Report/201706/P020170614504782926467.pdf [Chinese] (accessed 27 August 2019).

National Bureau of Statistics. 2018. National Data. http://data.stats.gov.cn/easyquery.htm?cn=C01 [Chinese] (accessed 28 August 2019).

National Bureau of Statistics. 2019. *Series of reports on the achievements of economic and social development on the 70th Anniversary of the founding of New China*. http://www.stats.gov.cn/ztjc/zthd/bwcxljsm/70znxc/201907/t20190701_1673373.html [Chinese] (accessed 29 August 2019).

NEA. 2014. *Notice of National Energy Administration on Publication of the List of (the first batch of) Demonstration Cities (industrial parks) of New Energy Creation*. National Energy Administration. http://zfxxgk.nea.gov.cn/auto87/201402/t20140212_1762.htm [Chinese] (accessed 27 August 2019).

NDRC and MOHURD. 2017. *Notice on Printing and Distribution of Pilot Construction Projects of Climate-adaptive Cities*. http://www.ndrc.gov.cn/zcfb/zcfbtz/201702/t20170224_839212.html [Chinese] (accessed 27 August 2019).

NDRC. 2010. *Notice of National Development and Reform Commission on Launching of Low-carbon Provinces and Cities Pilot Projects*. http://www.ndrc.gov.cn/zcfb/zcfbtz/201701/t20170124_836394.html [Chinese] (accessed 27 August 2019).

NDRC. 2017. *Notice of National Development and Reform Commission on Launching of the Third Batch of Low-carbon Provinces and Cities Pilot Projects*. http://www.ndrc.gov.cn/zcfb/zcfbtz/201701/t20170124_836394.html [Chinese] (accessed 27 August 2019).

Research Group of Dispersed Coal Governance in China Coal Consumption Cap Plan and Policy Research Project. 2018. *China Dispersed Coal Governance Report 2017*. http://coalcap.nrdc.cn/pdfviewer/web/?1518077275143 7518672.pdf [Chinese] (accessed 27 August 2019).

Shenzhen Municipal Bureau of Statistics. 2019. *2018 National Economic and Social Development Statistical Bulletin*. http://www.sz.gov.cn/cn/xxgk/zfxxgj/tjsj/tjgb/201904/t20190419_16908575.htm [Chinese] (accessed 27 August 2019).

Shenzhen Transportation Bureau. 2017. *16,359 electric buses have been introduced and the franchised buses will also have become all electric*. http://jtys.sz.gov.cn/zwgk/jtzx/gzdt/gjdt_80994/201712/t20171228_10630454.htm [Chinese] (accessed 3 August 2019).

State Council Office. 2015. *Guidance of General Office of the State Council on Promoting the Construction of the Sponge Cities*. http://ghs.ndrc.gov.cn/zttp/xxczhjs/ghzc/201605/t20160505_800852.html [Chinese] (accessed 27 August 2019).

The People's Government of Hebei Province. 2018. *Work plan of eliminating production capacity of Iron and Steel industry in Hebei Province (2018–2020)*. http://www.sohu.com/a/239403485_100142901 [Chinese] (accessed 27 August 2019).

UN Environment. 2019. *A Review of 20 Years' Air Pollution Control in Beijing*. United Nations Environment Programme.

van Donkelaar, A., Martin, R.V., Brauer, M., Hsu, N.C., Kahn, R.A., Levy, R.C., Lyapustin, A., Sayer, A.M. and Winker, D.M. 2018. Global Annual $PM_{2.5}$ Grids from MODIS, MISR and SeaWiFS Aerosol Optical Depth (AOD) with GWR, 1998–2016. NASA Socioeconomic Data and Applications Center (SEDAC). https://doi.org/10.7927/H4ZK5DQS (accessed 27 August 2019).

Wang C., Guan D. and Cai Wenjia. 2019. Grand challenges cannot be treated in isolation. *One Earth* 1(1), (pp. 24-26).

Wang C., Lin J., Cai W. and Zhang, Z. 2013. Policies and practices of low carbon city development in China. *Energy & Environment* 24(7&8), pp. 1347-1372.

Wang C., Yang Y., Zhang J. 2015. China's sectoral strategies in energy conservation and carbon mitigation. *Climate Policy* S1, pp. S60–S80.

Wang J., Wan J., Wang Q., Su J., Yang L., et al. 2018a. The development of China's ecological and environmental planning in forty years of reform and opening-up. *Chinese Journal of Environmental* Management10:5-18. [Chinese].

Wang, Z. 2015. The Current problems and policy suggestions on Low-carbon Development of China's Power Sector. *China Energy* 7, pp. 5-10 [Chinese].

Wang H., Mei C., Liu J. and Shao W. 2018b. A new strategy for integrated urban water management in China: Sponge city. *Science China Technological Sciences* 61(3), pp. 317-329.

Wang Z. 2019. Several key issues in the construction of China's national carbon market. Electric Power Decision-making and Public Opinion Reference. *Issues* 28 [Chinese].

Xie Z. 2019. China's historical evolution of environmental protection along the reform and opening-up over the last forty years. *Chinese Journal of Environmental* Management 11(4), pp. 5–10 [Chinese].

Xu L. 2019. Will air pollution control and carbon emission control affect economic development? See how Shenzhen does it. *The Paper*. https://www.thepaper.cn/newsDetail_forward_3650853 [Chinese] (accessed 27 August 2019).

Chapter 3 China's future strategies

3.1 Introduction

In 2012, the 18th National Congress of the Chinese Communist Party (NCCCP) put the construction of an ecological civilization at the centre of the Party's political ideology through the articulation of a vision of a Beautiful China. This vision is integrated into all aspects of economic, political, cultural and social construction. At the same time, the vision of a Beautiful China was included in the national 13th Five-Year Plan (FYP), which emphasizes the protection of the ecological environment while pursuing other socio-economic goals. In 2017, the 19th NCCCP put forward a two-stage development strategy for 2035 and 2050, in which the ecological environment will be fundamentally improved and the goal of building a Beautiful China will be basically attained by 2035, with new heights of ecological advancement reached by 2050.

China's goal of coordinated governance for climate change and the environment is intended to facilitate the realization of the vision of a Beautiful China as soon as possible. The previous chapter detailed the work that China has undertaken to establish a comprehensive framework of integrated co-governance of connected environmental and climate problems. Despite the tremendous success achieved so far, China continues to face substantial challenges in tackling air pollution, mitigating climate change and realizing the vision of a Beautiful China. Driven in large part by a surge in fossil-energy consumption, China has become the largest emitter of greenhouse gases in the world. At the same time, the annual average population-weighted $PM_{2.5}$ concentration in 2017 was 66 micrograms per cubic metre (μg/m^3), which, although down by about half since 2003, is still higher than the World Health Organization (WHO) guideline. This chapter focuses on China's medium- and long-term air quality and climate mitigation policies and commitments and highlight additional synergies and opportunities for co-governance to achieve the vision of a Beautiful China.

3.2 China's medium and long-term goals for clean air

3.2.1 The evolution of China's air quality standards

China promulgated its first Environmental Protection Law (Trial) in 1979. This was followed by the first ambient air quality standard issues in 1982 (GB 3095-82), which was revised for the first time in 1996 (GB 3095-1996), amended in 2000 and revised again in 2012 (GB 3095-2012), following several rounds of consultation (Figure 3.1). The 1982 Ambient Air Quality Standards (GB 3095-82) covered only total suspended particulate matter (TSP), sulphur dioxide (SO_2), nitrous oxides (NO_X) and photochemical oxidants; the 1996 standards included more pollutants such as particulate matter with an aerodynamic diameter equal to or less than 10 micrometres (PM_{10}), ozone (O_3) and nitrogen dioxide (NO_2). The 2012 Standards added two more pollutant indicators: particulate matter with an aerodynamic diameter equal to or less than 2.5 micrometres ($PM_{2.5}$) concentrations and an 8-hour average concentration limit for O_3. The revisions to the air quality standard show that China's air pollution control strategy focuses not only on TSP, SO_2, and NO_2, but also $PM_{2.5}$

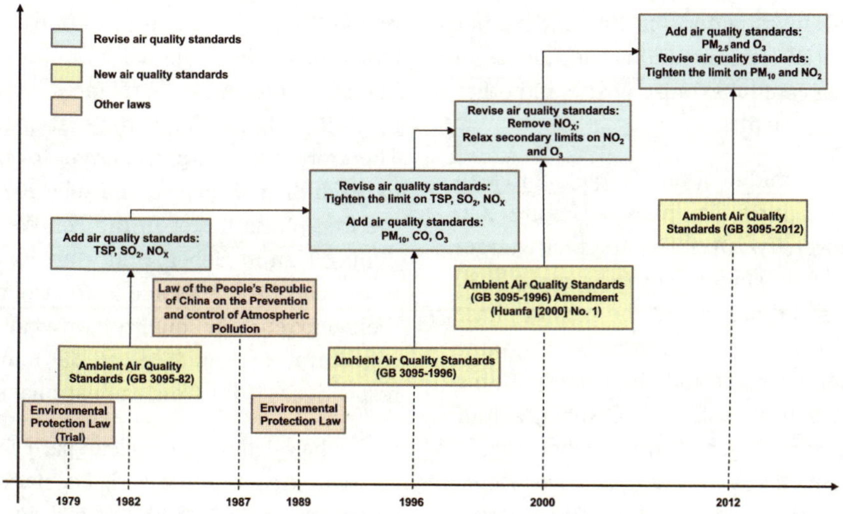

Figure 3.1 The evolution of China's air quality standards
Source: MEP Standards for Atmospheric Environment.
http://kjs.mee.gov.cn/hjbhbz/bzwb/dqhjbh/dqhjzlbz/[Chinese]

and O_3. The revisions were also incorporated in each FYP, which reflect increasing coordination between China's environmental policy and social and economic development.

In revising the ambient air quality standards, China drew on the experiences of many developed countries, regions and international organizations, including most prominently the United States of America, the European Union (EU) and the (WHO). The air quality standards are in line with China's current economic status and the characteristics of its atmospheric environmental pollution.

3.2.2 China's potential medium- and long-term clean air goals

China's medium- and long-term goals for clean air are important components of its vision of a Beautiful China. Following the adoption of the two-step strategy for 2035 and 2050 of the 19th NCCCP, a quantitative index will be researched and formulated so that the "*ecological environment will be fundamentally improved and the goal of building a Beautiful China will be basically attained,*" and "*new heights of ecological advancement attained.*" He Kebin, professor of the School of Environment at Tsinghua University

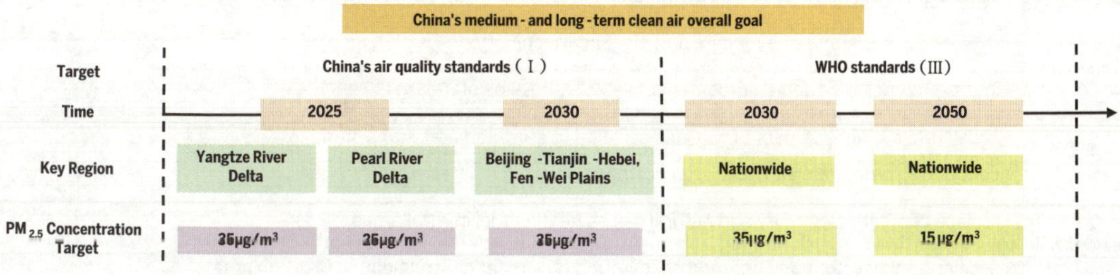

Figure 3.2 China's medium- and long-term clean air targets
Source: Tsinghua University, 2017

and principal investigator on this index, put forward potential clean medium- and long-term air goals which could maximize health and other developmental benefits.

China's medium- and long-term targets for clean air are divided into two phases (Figure 3.2) (Tsinghua University, 2017). The first phase target is to reach the $PM_{2.5}$ standard of 35 μg/m³ by 2030 in major cities and areas, and the second phase target is to reach 15 μg/m³ by 2050. At the same time, air quality targets and the corresponding deadlines have been established for the four key regions, the Beijing-Tianjin-Hebei region and surrounding areas, the Yangtze River Delta, the Fen-Wei Plains and the Pearl River Delta, which take into account their different stages of development. The $PM_{2.5}$ concentration target for the Pearl River Delta region in the first phase is 25 μg/m³ by 2025. In the Yangtze River Delta region, the average concentration of $PM_{2.5}$ in 41 cities including Shanghai and cities in Jiangsu, Zhejiang and Anhui Provinces was 44 μg/m³ in 2018, higher than the national standard. Therefore, the first-phase target for the region is to reach the national standard by 2025. Similarly, the first-phase target in the Fen-Wei Plains and Beijing-Tianjin-Hebei and surrounding areas is to reach the national standard by 2030, as their current air quality, with average $PM_{2.5}$ concentrations in 2018 of 58 and 60 μg/m³ respectively, is far from the national standard.

China has delineated a clear path for achieving its clean air goals in a series of national policies and plans in the 13th FYP period, including most prominently its *Air Pollution Prevention Action Plan* (SCPRC, 2013), the *Three-Year Action Plan to Win the Blue-Sky Defense War* (SCPRC, 2017) and the *Comprehensive Work Plan for Energy Saving*

Table 3.1 Action to achieve clean air goals under different sectors

Sector	Action
Power	• control the scale of coal power; • accelerate the development of new and renewable energy; • reduce coal consumption per unit of power generation and increase the distribution of wind energy and solar power; • continue to promote the transition to ultra-low emissions technologies in coal-fired power plants.
Industry	• adjust the industrial structure, optimize the distribution of industry, control industries with over-capacity, eliminate obsolete production capacity, retrofit heavily polluting enterprises; • increase investment in research and development in energy intensive industries and improve their energy efficiency; • promote desulphurization, denitrification and dust removal in key industries, such as steel and cement, and strengthen end-of-pipe treatment.
Transport	• optimize the transport structure by transferring large cargos from road to rail transport; • raise emissions standards for cars and off-road machinery; • improve compliance and enforcement of vehicle emission standards; • accelerate the replacement of vehicles certified to outdated emissions standards.
Residential	• continue to promote clean heating in northern China; • replace coal with electricity and natural gas as heating fuel in rural areas; • accelerate the retrofit and upgrade of coal-fired boilers for central heating in urban areas; • control the ammonia emissions from dust and agriculture, volatile organic compounds (VOC).

and Emission Reduction (SCPRC 2018) (Table 3.1).

The action to achieve clean air targets will require the support of relevant policies. It is, for example, necessary to formulate and revise emission standards for pollutants in relevant industries and strictly control pollutant emissions from related enterprises. It is also necessary to formulate fiscal and other policies that make full use of both market mechanisms and administrative measures. At the same time, the relevant legislation on pollutant control needs to be strengthened to prevent environmentally damaging action.

3.3 China's commitments and activities to climate mitigation

3.3.1 China's international commitments to climate change mitigation

During the fifteenth session of the Conference of the Parties (COP 15) in Copenhagen in 2009, the Chinese government put forward an independent emissions reduction target to reduce national carbon dioxide (CO_2) intensity by 40–45 per cent compared to 2005 levels by 2020; to increase the share of non-fossil energy in China's primary energy mix to 15 per cent; and to increase forest stocks by 1.3 billion m^3 compared to 2005 levels. In 2016 the Chinese government submitted its Nationally Determined Contribution (NDC) mitigation pledges under the 2015 Paris Agreement of the United Nations Framework Convention on Climate Change (UNFCCC). In its NDC, China pledged to reduce CO_2 intensity by 60–65 per cent compared to 2005 levels by 2030, to increase the share of non-fossil energy in the national primary energy consumption to 20 per cent and to reach peak CO_2 emissions around 2030 or earlier.

3.3.2 Domestic policy measures and their effects in addressing climate change

In order to fully implement the 2020 emission reduction commitment, the Chinese government established national climate targets in its FYP. In the 11th FYP, a binding target for reducing the national energy intensity by about 20 per cent was set to reverse the rising trend of energy intensity during the 10th FYP period. The 12th and 13th FYPs set binding targets for the reduction of energy intensity by 16 and 15 per cent, respectively, and reductions of CO_2 intensity by 17 and 18 per cent.

By the end of 2018, the decline of China's CO_2 intensity had exceeded the upper limit target of 45 per cent compared with 2005, and the share of non-fossil energy in China's primary energy reached 14.3 per cent. By 2020, CO_2 intensity is expected to drop by more than 50 per cent compared to 2005 levels, and the share of non-fossil energy in national primary energy is likely reach above 15 per cent, exceeding the emission reduction commitments made at the COP 15.

The pre-2020 emissions reduction achievements will lay a solid foundation as China implements its 2030 NDCs. Based on the anticipated trend of economic growth and the optimization of the energy structure, Wang and He (2019) pointed out that the national carbon intensity in 2030 would be more than 65 per cent lower than in 2005, and CO_2 emissions would peak before 2030, given the following assumptions: the average annual growth of GDP falls back to around 4.0–5.0 per cent by 2030, the annual declining rate of energy intensity remains at 3.0–3.5 per cent, and the shares of coal, oil, natural gas and non-fossil energy in China's primary energy consumption are 46, 15, 17 and 22 per cent respectively. The peak level of CO_2 emissions would be lower if the downward trend in economic growth and the growth of the low-carbon energy structure are more significant. Through effective implementation of the 14th and 15thFYPs, China is likely to further strengthen its 2030 NDC.

By the end of 2020, China will fully demonstrate and put forward a low-carbon development strategy for significant carbon reductions by the middle of this century. Formulating a medium and long term strategy for greenhouse gas emissions reduction is not only China's response to international pressures on global warming, but also a strategic

Photograph credit: UNEP

choice under domestic constraints of resources and the environment. Under the guidance of a long-term low-emissions development strategy, China will avoid the lock-in effect of a carbon-intensive infrastructure; accelerate the construction of a clean, low-carbon energy system; promote research and development and industrialization for such advanced technologies as hydrogen, energy storage, smart grids, and CO_2 capture and storage; and foster low-carbon lifestyles and consumption patterns.

3.4 China's medium and long-term strategy for co-governance

Coordinated governance of climate and the environment in the medium-and long-term can bring significant synergies for China. Historically, air pollution control policies around the world and in China have focused primarily on end-of-pipe controls for pollutants, such as diesel particulate filters to reduce emissions of particulate matter from diesel engines. However, end-of-pipe control measures often do not reduce emissions of greenhouse gases and in some cases may even increase them.

On the other hand, climate mitigation policies typically focus on large-scale changes in energy, transport and industrial systems such as replacing fossil fuels used in power plants with new and renewable energy. Such systemic changes are necessary to meet long-term climate targets and have the co-benefit of eliminating co-emitted air pollutants. As a result, adjustment of the energy, industrial and transport structures will become the new focus of coordinated emissions reduction. Adjusting these structures requires years and decades, however, making it difficult to reduce air pollution in the near-term.

In China, if the emissions control policies are adopted to reduce SO_2 and NO_X by 8 and 10 per cent every five years during the 2015–2050, respectively, then these policies will achieve synergistic CO_2 emissions reductions of up to 20 billion tonnes by 2050 (Nam *et al.*, 2013). If China achieves its full range of NDCs by 2030, SO_2, NO_X and $PM_{2.5}$ emissions will also be reduced by 78.85, 77.56 and 83.32 per cent, respectively (Yang *et al.*, 2017). Economic policies such as a carbon tax can provide positive feedbacks to energy consumption and technological upgrades and bring about coordinated reductions of pollutants. If decreasing rate of China's carbon intensity is reduced by 4 per cent per year in the 2015–2030 period under a carbon tax, it will result in a 25 per cent reduction in SO_2 and 19 per cent reduction in NO_X emissions compared to a carbon-tax-free scenario. The national population-weighted average $PM_{2.5}$ concentrations will also fall by 12 per cent, avoiding about 94,000 premature deaths (Li *et al.*, 2018).

To achieve co-governance in the medium-and long-term, it is important to comprehensively consider the timelines for clean air and carbon emissions reduction targets and propose an overall plan for coordinated governance. To realize the clean air target before 2030, considering the severity of China's air pollution and the pressure of environmental governance, environmental governance should be taken as the starting point, which will help identify the carbon emission reduction targets. After 2030, China's environmental problems are expected to have fundamentally improved. China must also assume the responsibility for carbon emissions reduction in line with its stage of development, and it is necessary to use climate control to drive further improvements in the domestic environment. All in all, the path for the coordinated management of climate and the environment in the medium- to long-term is "*the blue sky drives carbon mitigation before 2030, and carbon mitigation drives the blue sky after 2030*".

3.5 Achieving climate and environmental synergies in China's energy sector

In 2018, China's primary energy consumption reached 3.25 billion tonnes of oil equivalent (toe), 59 per cent of which came from coal followed by 18.9 per cent from oil and 7.8 per cent from gas (NBSC, 2019). Fossil fuels represent a significant proportion of China's primary energy consumption, and the resulting emissions of greenhouse gases and air pollutants including NO_X, $PM_{2.5}$ and CO_2 have become a major challenge for the environment and climate. Therefore, synergetic action in the energy sector is important to achieve both environmental and climate goals in China.

3.5.1 Current co-governance policies and measures

In China, energy consumption is the main source of atmospheric pollutants and greenhouse gas emissions. Rapid industrialization and urbanization have led to a rapid increase in total energy consumption in China from 1.03 billion toe in 2000 to 3.25 billion toe in 2018, an average annual growth rate of 6.6 per cent. China's 13th FYP introduced many policies and measures to optimize the structure of its energy and industrial sectors, and requires "*the shares of non-fossil fuels, natural gas and coal in China's total primary energy consumption in 2020 reach more than 15 per cent, over 10 per cent and below 58 per cent respectively*".

China's energy consumption intensity peaked in 2005, followed by a downward trajectory as a result of its climate policies. In the 2005–2017 period, energy intensity decreased by 39.6 per cent at an average annual rate of 4.3 per cent. These improvements have been brought about through continuous innovations in energy efficiency technologies and improved structure of China's national energy mix. Between 2008 and 2018, the national average thermal efficiency for coal-fired power generation, including auxiliary power, dropped from 345 grams of coal equivalent per kilowatt hour (gce/kWh) to 308 gce/kWh. Between 2000 and 2018, the share of natural gas and non-fossil energy in national energy consumption increased from 2.2 to 7.3 per cent and 7.5 to 14.3 per cent, respectively. At the same time, the share of coal fell from 72 to 59 per cent.

Since 2005, due to its coal cap policies, China's phase-out of small thermal power units has avoided more than 950 million tonnes of coal consumption, equivalent to saving RMB 616.9 billion. This translates into a reduction of approximately 15.18 million tonnes of SO_2 emissions and more than 2 billion tonnes of CO_2 emissions (Yang and Teng, 2018). China's energy transformation has effectively curbed the excessive growth in the emissions of energy-related pollutants and CO_2.

In 2017, the National Development Reform Commission (NDRC) issued the *Guidelines for Key Products and Services in the Strategic Emerging Industries (2016 Edition)* to restructure the energy sector and foster the steady growth of China's strategic emerging industries. From the perspective of implementation effects, the goals of energy and industrial restructuring will be exceeded. In terms of industrial restructuring, the value added of emerging industries above designated size increased by a year-on-year growth of 11 per cent in 2017, and the value added of high-tech manufacturing increased by 13.4 per cent, which together accounted for 12.7 per cent of the value added of industries above designated size.

In terms of energy efficiency improvement, in

2018 the NDRC announced a total of 260 energy-saving technologies in 13 industries in the *National Promotion Catalogue for Key Energy-Saving Low-carbon Technologies*. In 2017, the plan for *Circular Development Leading Action* was released, which provides guidance for accelerating the development of a circular economy. In 2017, the transport industry issued the *Implementation Plan for Promoting the Construction of Ecological Civilization in the Transportation Sector* and a guidance document entitled the *Opinions on Comprehensively Promoting the Development of Green Transportation*, which guide the investment in green transport infrastructure and promote the innovation of clean, efficient transport equipment and methods.

In order to accelerate the energy transition, China has, since 2014, implemented its five-in-one energy development strategy - energy consumption reform, energy production reform, energy technology reform, energy system reform and strengthened international cooperation on energy. Through conserving energy, improving efficiency, establishing multiple energy supply systems, promoting technological innovation, restructuring the energy market and a system of effective competition and making effective use of international energy resources, this strategy has raised public awareness of energy conservation and efficiency, which has effectively helped curb the rapid growth of energy consumption in recent years. It has also facilitated investment in research and development and expansion of green, low-carbon energy technologies, which in turn accelerate the decarbonization of China's energy mix. As key components of energy reform, energy conservation, improved energy efficiency and decarbonization of the energy mix will jointly reduce China's fossil-fuel consumption and improve China's air quality, laying a solid foundation for building a Beautiful China and enabling China to actively participate in global climate governance and fulfill its international commitments to emissions reduction.

3.5.2 Future co-governance policies and measures

The report to the 19th NCCCP proposed a national plan to basically realize socialist modernization[7] by 2035. By then, the environment will have fundamentally improved and the goal of Beautiful China met. The goal of achieving socialist modernization by 2035 and the 2030 NDC under the Paris Agreement of the UNFCCC essentially overlap.

In 2016, China promulgated its *Energy Production and Consumption Reform Plan (2016–2030)*, which proposes the establishement of a clean, low-carbon, safe, efficient and modern energy system by 2030. The new energy system is expected to significantly improve the quality of the environment; reduce the emission of major pollutants; effectively prevent water, soil, and air pollution; and promote the green and harmonious development of energy and the environment. The plan sets strict targets for capping China's total energy consumption in 2030 below 6 billion tonnes of coal equivalent (tce), with the share of electricity from non-fossil fuels reaching about 50 per cent in total electricity production, and non-fossil energy and natural gas reaching about 20 and 15 per cent in total primary energy consumption, respectively. The plan also sets ambitious goals and measures for controlling coal consumption to ensure a 60–65 per cent decrease of CO_2 intensity in 2030 compared to the 2005 level and make CO_2 emissions peak around 2030 or earlier. In 2030, the installed hydro, wind and solar power capacity will be more than 500 gigawatts (GW). The average annual decrease of CO_2 intensity will be more than 5 per cent, which could ensure that CO_2 emissions peak around 2030 with annual

7. The political report to the 18th NCCCP has charted a grand blueprint for bringing about a moderately prosperous society in all respects, accelerating socialist modernization, and achieving new victories for socialism with Chinese characteristics in new historic circumstances. It is a political proclamation and action plan with which the Party will rally and lead the Chinese people of all ethnic groups in marching along the path of Chinese socialism and complete the building of a moderately prosperous society in all respects. It guides the work of the current central leadership (Xi, 2014).

Photograph credit: CAEM

GDP growth of 4.0–5.0 per cent. Strengthening pollution prevention and control measures and implementing end-of-pipe treatments for fossil-fuel consumption also constitute a feasible roadmap for city clusters, such as the Beijing-Tianjin-Hebei region, to achieve their goal of reducing $PM_{2.5}$ concentration to 35 μg/m^3, the current emissions standard, by around 2030 (Tong et al., 2019).

The report of the 19th NCCCP also states that China will strive to achieve its second phase goal of socialist modernization[8] in the 2035–2050 period and build a strong, democratic, civilized, harmonious, beautiful and modernized socialist country by 2050. By then, people's living environment is expected to have improved fundamentally, and the vision of a Beautiful China achieved. Implementation of this long-term goal is consistent with the global effort to achieve significant decarbonization by the middle of the 21st century.

Building a green, low-carbon modern energy system is an integral part of the roadmap for achieving these two goals. Such an energy system will play a critical role in achieving the synergetic goals of air quality improvement and greenhouse gas reduction. To date, the Chinese government has not yet promulgated a long-term energy development plan for 2050, but its *Energy Production and Consumption Reform Plan (2016–2030)* sketches an outline for China's 2050 energy reform and low-carbon development: by 2050 total energy consumption in China will be stabilized at below 6 billion tce; the share of non-fossil energy will exceed 50 per cent and the share of coal will fall below 20 per cent. Based on this rough estimate, CO_2 emissions in 2050 can be reduced by about 50 per cent compared to the emissions peak (He, 2018). At present, in order to implement the Paris Agreement's goal of limiting temperature rise to well below 2 °C above pre-industrial levels, China will work even harder to implement stricter policies for decarbonization and strive to build a zero carbon energy system based fully on new and renewable sources of energy as soon as possible. By that time, pollutants such as SO_2, NO_X and $PM_{2.5}$ will be more effectively controlled. A fully decarbonized energy system is the fundamental solution to China's target of reducing $PM_{2.5}$ concentrations to 15 μg/m^3 by 2050 (Li et al., 2019).

3.6 Case studies in specific sectors in China

3.6.1 Electricity sector

The coal-fired electricity sector in China is a major source of greenhouse gases and air pollutants. Coordinated governance in the electricity industry mainly focuses on structural adjustment and efficiency enhancement of power generation. Structural adjustments mainly refer to decreasing the share of coal-fired power while increasing the share of power generation from new and renewable sources. Efficiency enhancement includes the upgrading of coal-fired power plants, shutting down small,

8.Second phase goal of socialist modernization: "modern socialist country; prosperous, strong, democratic, culturally advanced and harmonious – China has set the following goals for its future development: by 2020, it will double its 2010 GDP and per person income of urban and rural residents and realize a moderately prosperous society in all respects; and by the mid-21st century, it will have turned itself into a modern socialist country, prosperous, strong, democratic, culturally advanced and harmonious" (Xi, 2014).

outdated generating units and improving gross coal consumption in new, large generating units.

To increase power generation efficiency, China may increase the share of installed capacity contributed by large generating units of more than 600 megawatts (MW) to over 80 per cent of the total in 2030 by phasing out small, inefficient ones, which have operated for less than 40 years. Compared to the scenario in which small, inefficient generating units are eliminated after 40 years' service, an early phase-out of these units can reduce CO_2 and SO_2 emissions by approximately 5 and 25 per cent respectively (Tong et al., 2018).

Through the optimization of the structure electricity generation and the enhancement its efficiency, the share of non-fossil fuel generated power will increase to 50 per cent in the total electricity generation in 2030. By then, CO_2 and SO_2 emission per unit of electricity will have fallen by a third compared to 2015 levels. If the capacity of solar photovoltaic power generation reaches 400 GW in 2030, CO_2 emissions will fall by 4.2 per cent, and premature deaths from air pollution by 1.2 per cent compared to the baseline scenario - a 2030 coal-intensive power sector projection developed by the International Institute for Applied System Analysis (IIASA) (Yang et al., 2018). When the capacity of coal-biomass energy gasification system reaches 410 MW, CO_2 and $PM_{2.5}$ emissions will fall by 9.3 and 12 per cent, respectively (Lu et al., 2019).

3.6.2 Industrial sector

China's industrial sector accounts for the majority of the nation's energy consumption and has the highest energy intensity among all economic sectors. Coordinated governance within the industrial sector involves two key components: reducing energy demand through technological upgrades and increasing the ratio of clean energy use through fuel substitution. According to the 2017 cement energy efficiency benchmarking, clinker energy efficiency of leading companies reached 95.7 kilograms of coal equivalent per tonne (kgce/t), fulfilling the 105 kgce/t target proposed in the *Building Materials Industry Development Plan (2016-2020)* three years ahead of schedule. This benchmarking indicates the large potential for energy-efficiency improvement in the cement industry.

Research shows that, with a demand for 640 million tonnes of steel in 2030, 190 million tonnes of steel scrap could be recycled if the recycling rate of steel scrap increases by 50 per cent, potentially reducing CO_2 emissions by 67.7 million tonnes compared to the baseline scenario of continuing the existing trends in China's steel sector without imposing any energy-saving or emission-reduction targets. In addition, emissions of SO_2, NO_2 and PM_{10} would fall by about 110,000, 20,000 and 30,000 tonnes, respectively. Moreover, the health and economic benefits of coordinated governance in the industrial sector are significant. Air pollution control could prevent about 28,500-71,000 premature deaths, equivalent to an avoided economic loss of US$ 386–854 million (Ma et al., 2016).

3.6.3 Transport sector

In recent years, with the rapid growth of car ownership, particularly among the urban population, energy consumption in the transport sector has quickly risen, resulting in massive emissions of air pollutants and greenhouse gases. Energy efficiency improvement and structural optimization of the transport sector should be combined to reduce carbon emissions and improve environmental quality. Energy consumption per unit turnover of passenger highway transport, freight highway transport, water transport and civil aviation will decrease by 3, 7, 6 and 4 per cent every five years into the future, respectively. Moreover, the average annual per unit energy consumption of the private transport, railway and public transport sub-sectors will be reduced by 1, 0.1 and 0.1 percent, respectively. Optimization of the transport structure can be achieved by reducing the use of private vehicles and taxis, promoting public transport and non-fossil fuel vehicles and increasing the number electric trains. By 2050, compared to the baseline scenario in which energy efficiency and transport modes are maintained at the 2010 levels, improving energy efficiency and optimizing transport structure could reduce CO_2 emissions from the transport sector by 38 per cent and 35 per cent, respectively, and avoid about 120,000 and 102,000 premature deaths caused by air pollution, respectively (Liu et al., 2018).

3.6.4 Residential sector

Energy use in residential buildings imposes heavy pressure on China's environmental and climate governance. The key to coordinated governance of climate and the environment in this sector is to address the problem of massive use of scattered coal in the rural areas through fuel substitution. This involves replacing all solid fuels used in business activities in urban and rural areas with natural gas and replacing biomass fuels used for cooking in rural areas with liquefied petroleum gas (LPG) and wind power. Such fuel substitutions could benefit both air quality and human health. If these fuel substitutions were adopted between 2010 and 2030, premature deaths related to air quality would fall by 4 per cent, and premature deaths due to indoor air pollution by 31 per cent (Liu et al., 2018).

References:

He, J. 2018. New Idea on China's Long-term Strategy of Addressing Climate Change and Low-carbon Development for New Era. *Wuhan University Journal Philosophy and Social Science* 71(4), pp.13-21.

Liu, J., Kiesewetter, G., Klimont, Z., Cofala, J., Heyes, C., Schöpp, W., Zhu, T., Cao, G., Sanabria, A.G., Sander R., Guo, F., Zhang, Q., Hguyen, B., Bertok, I., Rafaj, P. and Amann, M. 2019. Mitigation pathways of air pollution from residential emissions in the Beijing-Tianjin-Hebei region in China. *Environment International* 125, pp. 236–244. https://doi.org/10.1016/j.envint.2018.09.059 (accessed 29 August 2019).

Liu, L., Wang, K., Wang, S., Zhang, R. and Tang, X. 2018. Assessing energy consumption, CO_2 and pollutant emissions and health benefits from China's transport sector through 2050. *Energy Policy* 116(C), pp. 382–396. https://doi.org/10.1016/j.enpol.2018.02.019 (accessed 29 August 2019).

Li, M., Zhang, D., Li, C-H., Mulvaney, K.M., Selin, N.E. and Karplus, V.J. 2018. Air quality co-benefits of carbon pricing in China. *Nature Climate Change* 8, pp. 398–403.

Li, N., Chen, W., Rafaj, P., Kiesewetter, G., Schoepp, W., Wang, H., Zhang, H., Krey, V. and Riahi, K. 2019. Air Quality Improvement Co-benefits of Low-Carbon Pathways toward Well Below the 2° C Climate Target in China. *Environmental Science and Technology* 53(10), pp. 5576-5584.

Lu, X., Cao, L., Wang, H., Peng, W., Xing, J., Wang, S., Cai, S., Shen, B., Yang, Q., Nielsen, C.P. and McElroy, M.B. 2019. Gasification of coal and biomass as a net carbon-negative power source for environment-friendly electricity generation in China. *Proceedings of the National Academy of Sciences of the United States of America* 116(17), pp. 8206–8213. https://doi.org/10.1073/pnas.1812239116 (accessed 29 August 2019).

Ma, D., Chen, W., Yin, X. and Wang, L. 2016. Quantifying the co-benefits of decarbonisation in China's steel sector: An integrated assessment approach. *Applied Energy* 162, pp. 1225-1237.

Nam, K.M., Waugh, C.J., Paltsev, S., Reilly, J.M. and Karplus, V.J. 2013. Carbon co-benefits of tighter SO_2 and NO_x regulations in China. *Global Environmental Change* 23(6), pp. 1648-1661.

National Bureau of Statistics of China (NBSC). 2019. *China Statistical Abstract 2019.* China Statistics Press. [Chinese]

NDRC. 2017. Guidelines for Key Products and Services in the Strategic Emerging Industries, 2016 edition. National Development and Reform Commission. http://www.ndrc.gov.cn/gzdt/201702/t20170204_837246.html [Chinese] (accessed 29 August 2019)

SCPRC. 2013. Notice of the General Office of the State Council on Issuing the Air Pollution Prevention and Control Action Plan. State Council of the People's Republic of China website. http://www.jingbian.gov.cn/gk/zfwj/gwywj/41211.htm [Chinese] (accessed 29 August 2019).

SCPRC. 2017. Notice of the Energy Saving and Reduction Comprehensive Work Plan during the 13th Five-Year Plan Period. State Council of the People's Republic of China. http://www.ndrc.gov.cn/gzdt/201701/t20170105_834501.html [Chinese] (accessed 29 August 2019).

SCPRC. 2018. Notice of the State Council on Issuing the Three-Year Action Plan for Winning the Blue Sky Defense Battle. State Council of the People's Republic of China website. http://www.gov.cn/zhengce/content/2018-07/03/content_5303158.htm [Chinese] (accessed 29 August 2019).

Tong, D., Geng, G., Jiang, K., Cheng, J., Zheng, Y., Hong, C., Yan, L., Zhang, Y., Chen, X., Bo, Y., Lei, Y., Zhang, Q. and He, K. 2019. Energy and emission pathways towards $PM_{2.5}$ air quality attainment in the Beijing-Tianjin-Hebei region by 2030. *The Science of the Total Environment* 692, pp. 361-370. https://doi.org/10.1016/j.scitotenv.2019.07.218 (accessed 29 August 2019).

Tong, D., Zhang, Q., Liu, F., Geng, G., Zheng, Y., Xue, T., Hong, C., Wu, R., Qin, Y., Zhao, H., Yan, L. and He K. 2018. Current Emissions and Future Mitigation Pathways of Coal-Fired Power Plants in China from 2010 to 2030. *Environmental Science and Technology* 52(21), pp. 12905–12914.

Tsinghua University. 2017. How to Reach Air Quality Standard of $PM_{2.5}$ in China by 2030 – a numerical simulation discussion based on energy and end-of-pipe control scenarios. Energy Foundation (China Office).

Wang, H. and He, J. 2019. China's pre-2020 CO_2 emission reduction potential and its influence. *Frontiers in Energy* 13(3),pp.571-578. https://doi.org/10.1007/s11708-019-0640-0 (accessed 29 August 2019).

Xi, J. 2014. The Governance of China, Volume 1. ICP Intercultural Press.

Yang, J., Li, X., Peng, W., Wagner, F. and Mauzerall, D.L. 2018. Climate, air quality and human health benefits of various solar photovoltaic deployment scenarios in China in 2030. *Environmental Research Letters* 13(6), 064002. https://pennstate.pure.elsevier.com/en/publications/climate-air-quality-and-human-health-benefits-of-various-solar-ph (accessed 29 August 2019).

Yang, X. and Teng, F. 2018. Air quality benefit of China's mitigation target to peak its emission by 2030. *Climate Policy* 18(1), pp. 99-110. https://doi.org/10.1080/14693062.2016.1244762 (accessed 29 August 2019).

Chapter 4 Global case studies

4.1 Introduction

This chapter provides case studies—from Chile, Finland, Norway, the United Kingdom (UK), Ghana, and Mexico— that address air, climate, and environmental pollution as an integrated problem. While these countries are at different stages of economic development and may have different national priorities, there is a common willingness to synergize climate and air pollution action, measures and policies. Integrated planning and action harmonize the implementation of the 2030 Sustainable Development Goals (SDGs) and Paris Agreement, and encourages nations to consider climate and air pollution impacts within an integrated framework.

4.2 Case studies

4.2.1 Chile

Chile has long pursued integrated policies to both improve domestic air quality and achieve international climate change goals. Chile joined the Climate & Clean Air Coalition (CCAC) in 2013 to advance action that leverages synergies between climate and clean air policies.

In the 1990's, the Santiago Metropolitan Region established its Metropolitan Region Decontamination Plan to reduce air pollution emissions from the transport sector (Ministry of Environment of Chile, 2014). This led to diesel fuel desulphurization and increasingly stringent vehicle emissions standards. As a result, average annual concentrations of particulate matter with an aerodynamic diameter equal to and less than 2.5 micrometres (μm) ($PM_{2.5}$) in Santiago decreased by nearly 70 per cent compared to 1992 levels. Despite these successes, population growth and increasing vehicle ownership requires the Plan be regularly updated and strengthened to sustain and strengthen the air quality gains. In 2017, the Plan was updated to specifically address the inherent climate co-benefit from actions to improve air quality. For example, efforts in the Plan to address $PM_{2.5}$ have the co-benefit of reducing the region's high levels of black carbon (BC) emissions. In 2017, Chile also instituted a new Green Tax designed to reduce greenhouse gas and air pollutant emissions from major industrial sources (Box 4.1).

Chile's 2015 Nationally Determined Contribution (NDC) to the Paris Agreement is an example of how the country included air pollution in its international climate commitments. Chile recognized the multiple benefits of addressing emissions of short-lived climate pollutants (SLCPs) for sustainable development, urban air quality and climate mitigation by including BC in its 2015 NDC (Government of Chile, 2015). Chile will build on its 2015 pledge by including a quantified BC reduction target in its updated 2020 NDC.

These efforts show how integrated policy spreads action across multiple levels of government, influences both domestic and international policy, and brings the air pollution and climate mitigation communities together. For countries such as Chile, faced with large development and air pollution challenges, and relatively low greenhouse gas emissions, changing political, economic and social priorities can significantly impact the domestic

Box 4.1 Chile's Green Tax

In 2017, Chile established a Green Tax to reduce air- and climate-polluting emissions from large emitting sources and new light- and medium-duty passenger vehicles (Departamento de Estudios, 2018). The government also established an emissions reporting and verification system, and a series of regulatory instruments and measurement protocols. For large industrial sources, the Green Tax levies a fee based on total annual emissions of particulate matter (PM), nitrogen oxides (NO_x), sulphur dioxide (SO_2), and carbon dioxide (CO_2). The tax rates for PM, NO_x, and SO_2 are based on a number of variables including local ambient concentrations of each pollutant, the number of people exposed to the emissions, and the social cost of the impacts of exposure. For emissions of CO_2, the rate is US$ 5 per tonne.

In April 2018, companies covered by the Green Tax paid an assessed US$ 168 million for their CO_2 emissions, 79 per cent of which was the result of coal combustion. Emissions of PM, NO_x, and SO_2 raised an additional US$ 23 million.

For new light- and medium-duty vehicles, the tax, which is levied at the time of purchase, is based on the vehicle's urban fuel-efficiency and its NO_x emissions. In 2017, the Green Tax on vehicles raised US$ 99 million, 40 per cent from diesel and 60 per cent from gasoline vehicles. Average emissions of NO_x from Chile's vehicle fleet have fallen by 10.5 per cent compared to 2015.

climate agenda. Linking climate, air quality and development agendas across multiple levels of government and among multiple ministries can improve coordination and insulate policies from changing political priorities.

4.2.2 Finland

In 2016, The Finnish Environment Institute (SYKE) conducted an environmental impact assessment for Finland's National Energy and Climate Strategy (Ministry of Economic Affairs and Employment of Finland, 2017) and medium-term climate change policy plan (Ministry of the Environment of Finland, 2017). The main objective of the study was to assess the impact of the two policies on air pollution emissions of $PM_{2.5}$, nitrogen dioxide (NO_2), NO_x, non-methane volatile organic compounds (NMVOCs) and BC, and the impact of changes in $PM_{2.5}$ concentrations on public health. Similar environmental impact assessments were developed for the 2005, 2008 and 2013.

National Energy and Climate Strategies, but air pollution was only included in the 2013 Strategy, while the 2016 Strategy was the first to include a detailed assessment of health impacts.

Using the Finnish Regional Emission Scenarios (FRES) model (Karvosenoja, 2008), the assessment found that neither the strategy nor the policy plan would substantially reduce domestic BC emissions, which are expected to decrease from 5.3 kilotonnes (kt) in 2015 to 3.4 kt in 2030 regardless of climate policies. Similarly, both policies had little impact on expected premature deaths due to exposure to $PM_{2.5}$.

The study, however, identified residential wood combustion as the single largest source of $PM_{2.5}$ emissions in Finland, and consequently the largest contributor to poor health (Table 4.1). Residential wood combustion is often considered a climate-friendly heating method, but the negative health impacts highlighted in this and similar studies increased national interest in reducing emissions from this source.

The study results were used as a basis for the Finnish National Air Pollution Control Programme (NAPCP) which is designed to implement air quality plans established under the European Union's (EU) Air Quality and National Emissions

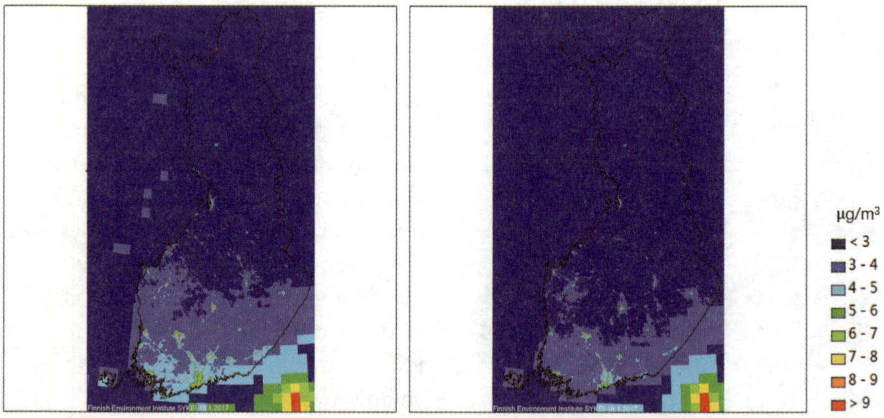

Figure 4.1 $PM_{2.5}$ concentration in 2015 (left) and under additional climate measures in 2030 (right) based on the health impact assessment, for the national climate strategy and policy plans
Source: Karvosenoja et al., 2017.

Table 4.1 Premature deaths from $PM_{2.5}$ exposures in Finland

	2015	With decided climate measures		With additional climate measures*	
Deaths from		Current population	Projected 2030 population	Current population	Projected 2030 population
Energy production and industry	9	7	8	7	8
Small-scale combustion	205	186	208	186	208
Road traffic	77	11	13	10	11
Machinery and off-road transport	74	10	12	10	12
Traffic dust	55	58	67	53	61
Other sources	53	55	64	55	64
Total from Finnish sources	473	327	372	321	364
Long-range sources	961	834	931	834	931
Total	1434	1161	1303	1155	1295

Source: Karvosenoja et al., 2017.
*Main differences to premature deaths between existing legislation and additional measures is the result of more electric and gas cars, changes in modes of transport such as more cycling and walking, and vehicle efficiency increases.

Ceiling Directives (Directive 2016/2284/EU). Several programmes were developed under the NAPCP to reduce emissions and impacts from residential wood combustion. These include an awareness campaign and guidance for citizens, and updated instructions for local officials in problem situations. Finally, a process was started to develop emission-measurement standards which will serve as a basis for emissions regulations for wood sauna stoves.

This case study shows how an integrated assessment of climate, air pollution, and health impacts can influence public opinion and policy making, even in a country such as Finland with relatively good air quality. The inclusion of public health impacts in a national climate policy assessment resulted in greater public awareness and improvements in the Finnish NAPCP.

4.2.3 Norway

In 2013, the Norwegian Environment Agency, on behalf of the Ministry of the Environment, published an integrated assessment of the short- and long-term climate, health and environmental

Figure 4.2 Finnish small-scale combustion *Photograph credit: HSY/Justiina Niemi*

impacts of mitigation measures for Norwegian emissions of SLCPs (Norwegian Environment Agency, 2013). As the global climate impacts of SLCPs depend on where the emissions take place, the Norwegian Environment Agency modelled the global climate effects of Norwegian emissions. A new climate metric, GTP10-Norway, was adopted in order to assess the cost-efficiency (cost per unit of CO_2) of measures in a short-term perspective.

The study found that Norway's BC emissions have approximately 1.5 times higher climate impacts per tonne of emitted BC than the global average, mostly due Norway's proximity to the Arctic and to BC deposition on snow and ice (Hodnebrog et al., 2013). Norwegian SLCP emissions have a strong short-term climate impact, but the short-term climate effect of Norwegian CO_2 emissions is higher than that of its combined SLCPs. The results also showed the importance of reducing Norway's BC emissions due to the health impacts of $PM_{2.5}$ in cities, and that the inclusion of the health benefits of the assessed measures substantially reduced their socio-economic cost.

The 2013 study did not assess greenhouse gas measures, but given the high short-term climate effect of CO_2, hypothesized that such measures could be as efficient in reducing SLCPs as targeted SLCP-measures. Therefore, integrated assessments of both short- and long-lived climate pollutants could be useful in giving a complete picture of the net climate effect, as well as health impacts, of the measures.

To acknowledge this, Norwegian Environment Agency has subsequently performed several integrated studies including of both SLCPs and greenhouse gases. In the latest study (Norwegian Environment Agency, 2019), the Norwegian Environment Agency highlighted that measures that reduce methane (CH_4) and/or BC have a substantially higher climate impact in the short-term than in the long-term. Such measures include reducing food waste, reducing venting in the petroleum sector and transitioning to cleaner stoves for household heating. New road transport measures do not result in significant reductions of BC emissions because measures already included in climate and environment policies are expected to reduce BC emissions to almost zero by 2030.

Integrated assessments of climate measures

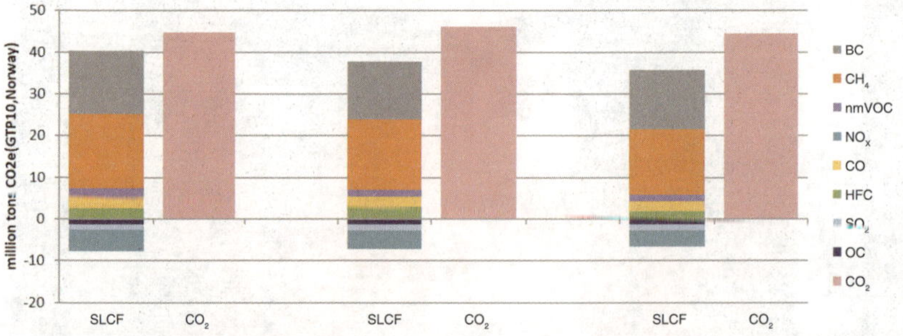

Figure 4.3 Global climate effect of Norwegian SLCP emissions compared to that of Norwegian CO_2 emissions in 2011, 2020 and 2030
Source: Norwegian Environment Agency, 2013

are important to highlight measures that have important short-term effects, but fail to contribute substantially to long-term climate goals. This type of analysis assists in compiling a portfolio of measures that contributes both to reducing the short-term rate of warming as well as safeguarding the long-term perspectives of the Paris Agreement.

In Norway, health benefits have traditionally been included in greenhouse gas analyses. The short-term climate effects of measures have become increasingly a part of their regular evaluation. An analysis to evaluate the climate effect in the short-term, for example, will be undertaken for measures identified in an on-going greenhouse gas analysis commissioned by the Norwegian government. The analysis will assess measures and instruments that can cut Norwegian emissions not covered by the EU's Emissions Trading Scheme (EU-ETS) by at least 50 per cent by 2030 relative to 2005. It has also had an impact on Norway's international climate policy. For example, Norway included a description of BC and OC in its Seventh National Communication to the United Nations Framework Convention on Climate Change (UNFCCC) and Norway's submission to the 2018 UNFCCC Talanoa Dialogue called for the application of a multiple-benefit methodology

Figure 4.4 Bearded seal in Kongsfjorden, Spitsbergen *Photograph credit: Vigdis Vestreng*

which analyses all greenhouse gases and SLCPs in both the short-and long-term (Government of Norway, 2018).

4.2.4 The United Kingdom

The UK's climate and air-quality policies have historically not been well integrated, although this has recently begun to improve. The 2008 UK Climate Change Act (CCA) obliges the country to reduce its greenhouse gas emissions by 80 per cent by 2050 compared to 1990 (UK Climate Change Act, 2008). In parallel with the CCA, the UK is also subject to air quality legislation, notably the EU's Air Quality Directive (EU Directive 2008/50/EC) and the National Emissions Ceilings Directive (NECD) (Directive 2016/2284/EU).

Meeting the CCA's original ambitious emission reduction target requires fundamental changes in the energy and transport infrastructure of the UK. While many of these changes are likely to result in substantial co-benefits for air quality and public health, a recent integrated assessment of the actions underpinning the CCA found that some could result in substantial downsides for air quality and public health. Three future scenarios were modelled: (i) no further climate action beyond that currently agreed at the fourth carbon budget; (ii) a cap on nuclear building, which will limit nuclear capacity in 2050 to current levels; and (iii) no policy cap on nuclear build.

Scenarios (ii) and (iii) met the CCA target but clearly scenario (i) did not. Scenarios (ii) and (iii) contained significant increases in the use of biomass (wood) with consumption peaking in 2035. A key element in all CCA-compliant scenarios was the substantial electrification of the car fleet which resulted in large reductions in urban NO_2 concentrations (Table 4.2).

While total $PM_{2.5}$ concentrations are projected to decrease substantially by 2050, the study found the promotion of domestic small-scale wood burning substantially increased human exposure to $PM_{2.5}$, with the increase peaking in 2035. Furthermore, the study found that increased $PM_{2.5}$ and NO_2 exposure would be highest among socio-economically disadvantaged populations and would remain through 2050 (Williams et al., 2018). There are potential benefits to CO_2 emission reductions from biomass burning but to minimize the downsides for air quality and health, if biomass must be burned then it is preferable to do so in large installations such as power plants where combustion is more efficient and emission abatement technologies can be used.

The study highlights the need for careful consideration of the potential benefits and disadvantages of climate mitigation policies in order to reach optimal policy choices that are well informed and achieve multiple benefits, particularly for the most vulnerable groups. While there has been little action in the past to systematically assess synergies and avoid conflicts between climate and air-pollution policies, the situation is improving. In January 2019 the UK government published its Clean

Table 4.2 NO_2 and $PM_{2.5}$ concentrations under different scenarios

	NO_2 (μg/m³)	$PM_{2.5}$ (μg/m³)
2011	9.53–14.4	9.31
2050		
Baseline scenario (i)	6.43–11.25	5.77
Nuclear power scenario (ii)	2.55–7.08	5.36
Low greenhouse gas scenario (iii)	1.33–5.65	5.20

Source: Williams et al., 2018

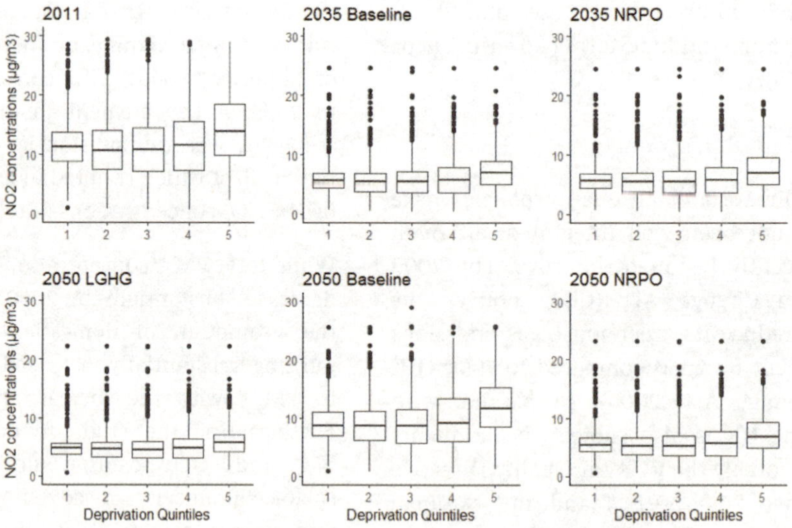

Figure 4.5 Distribution of 2011 level NO_2 concentrations, Carstairs 2011 deprivation quintile at 2011 baseline and other scenarios, index 1 = least deprived, 5 = most deprived; NRPO: Nuclear power scenario, LGHG: Low greenhouse gas scenario
Source: Williams et al., 2018.

Air Strategy (Defra,2019) which, *inter alia*, committed to measures to reduce domestic biomass burning and to further integrate policies on air quality and climate change. For example, in the wake of the Paris Agreement, in 2019 the UK Climate Change Committee published a report which set out the case for a net-zero climate policy and which highlighted the importance of quantifying the air pollution benefits of more ambitious mitigation scenarios (UK CCC, 2019). In the last days of Prime Minister Theresa May's premiership, the UK government increased its greenhouse gas reduction ambition by amending the Climate Change Act to commit to a 100 per cent reduction in net CO_2-equivalent emissions by 2050 (Climate Change Act Amendment, 2019)

4.2.5 Ghana

Ghana, as other lower-middle income nations, is grappling with many complex and linked economic, social and environmental issues. These development challenges are exacerbated by the impacts of deteriorating air quality and climate change on public health and the general well-being of the Ghanaian people in the long run. Ghana's climate change strategy is outlined in the National Climate Change Policy (NCCP) (MEST of Ghana, 2012) and its Nationally Determined Contributions (NDCs) (Government of Ghana, 2015). The overall aim of the NCCP and NDCs is to align Ghana's future development with a sustainable pathway capable of delivering economic growth, better air quality and mitigate climate change. To continue advancing these policies Ghana established a coordinated climate change and air quality management strategy to foster a sustainable development pathway that delivers economic growth, better air quality and a safe climate (Government of Ghana, 2018).

As a first step, the government established a multi-disciplinary inter-ministerial team to identify data sources and reached consensus on which datasets and modeling tools to use for an integrated assessment[9]. This proved to be

9. The team consists of Ministries of Environment, Energy, Transport, Finance, and Health, the Energy Commission, the National Development Planning Comission and the Forestry Commission with the Environmental Protection Agency in the role of technical facilitator.

critical for the process because it allowed for the development of common scenarios and results which reflected the policy realities in each sector and facilitated the speedy uptake of the results by each ministry to inform their respective policies. The Ministry of Finance was a critical participant because it was able to quickly incorporate identified mitigation measures in their internal and external resource-mobilization strategy.

Assessing all climate and air pollutant emissions using the Long-range Energy Alternatives Planning Integrated Benefits Calculator (LEAP-IBC) tool, the team quantified the climate, air pollution, public health and agricultural impacts of Ghana's current policies, and identified a priority list of policies to achieve Ghana's NDC mitigation pledge (Government of Ghana, 2015) and additional policies targeting emissions of SLCPs (Table 4.3).

By assessing the multiple impacts of Ghana's climate-focused NDC mitigation pledges, the study was able to comprehensively show that Ghana's measures would result in a substantial benefit for near-term air quality, public health, food security and avoided warming (Figure 4.6). Similarly, the analysis shows that air pollution focused SLCP measures can also reduce CO_2 emissions by almost an additional 20 per cent beyond the full implementation of the NDC measures.

The results of the analysis proved to be an important planning and communication tool for the government. This shows that well designed action taken primarily to achieve local development objectives can still result in meaningful contributions to the global common good of mitigating climate change. The results, supported by the institutional buy-in fostered by Ghana's multi-sectoral working group, have garnered significant attention within government and several of the identified measures are currently being implemented. For example, Ghana has lowered the sulphur content in diesel fuel from 300 parts per million (ppm) to 50 ppm, and more than 2 million clean cookstoves have been distributed to homes throughout the country.

This focus on integrated solutions is also having an impact on Ghana's international cooperation and reporting. For example, although as a developing Ghana is not required

Table 4.3 Selected mitigation measures

Emissions scenario	Description	Abatement Measures
NDC measures (Policy and measures (PAM) +)	Policy actions contained in Ghana's 2015 NDC	Liquified petroleum gas (LPG) for cooking
		Solar systems
		Reduced forest burning
		Institutional Biogas
		Promote compressed natural gas (CNG) buses
		Stop open burning
		Landfill gas management
		Improved cookstoves
		Natural gas for electricity
		Eco-friendly electricity
		Efficient charcoal kilns
Additional SLCP measures (PAM++)	Addition incremental SLCP measures adopted and effectively implemented	Quality livestock feeding
		Vehicle testing standards
		Cutting edge stoves
		Gas in plastic industry

Source: Ghana's National Action Plan to Mitigate Short-Lived Climate Pollutants, 2018 (Government of Ghana, 2018)

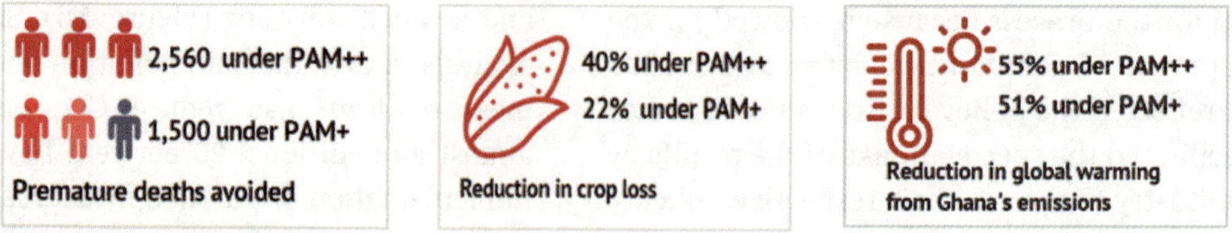

Figure 4.6 Emission impacts of policy packages
Source: Government of Ghana, 2018.

to establish inventories or report to the UNFCCC on emissions of precursor and air pollutant emissions, Ghana's 4th National Inventory Report to UNFCCC includes on emissions of precursor gases, SLCPs and air pollutants. Furthermore, Ghana expanded the scope of its inventory stating that the additional substances are crucial because they "enhance the utility and relevance of the results beyond climate change to the impacts of SLCPs and air pollution on human lives, agricultural productivity, ecosystems, and sustainable development". (Ghana NIR4, 2019).

Ghana is now focused on ensuring that all measures are quickly and effectively implemented and identifying appropriate resources to support their implementation and evaluate them after implementation.

4.2.6 Mexico

Recognizing the importance of mitigation of greenhouse gases and SLCPs relatively early, Mexico has become a leader in Latin America and the Caribbean, taking a series of steps towards a coherent integrated mitigation strategy. As a co-founder of the Climate & Clean Air Coalition (CCAC) in 2012, Mexico produced the first comprehensive national diagnosis of greenhouse gases and SLCPs in 2013. The studies in the national planning report (INECC, 2013) provided support to Mexico's decision to set an ambitious emissions reduction target in its first NDC and become the first country to establish a quantified emission reduction target for BC - 51 per cent by 2050. Mexico first approved a federal-level Climate Change Law (*Ley General de Cambio Climático*) in 2013, most recently amended in 2018, aiming to coordinate public policy and strategies to adapt to and mitigate climate change from national to municipal levels. The Climate Change Law mandates the creation of an inter-ministerial commission for climate change with the main objective of promoting and coordinating climate change action and strategies among ministries and federal agencies. The recognition of SLCPs as climate forcers allows Mexico to tackle climate change and air quality through a comprehensive approach outlined in the National Climate Change Strategy (*Estrategia Nacional de Cambio Climático*) and the National Air Quality Strategy (*Estrategia Nacional de Calidad del Aire*). The harmonization of these must be articulated in air quality management and state climate change action programmes where control strategies for the same sources should provide multiple benefits to air quality, climate change, adaptation and health.

National planning activities allow Mexico to establish a pathway to achieving multiple benefits in air quality, public health, climate change and energy efficiency. A number of studies of the sectoral emissions and the potential co-benefits of different mitigation strategies have been carried out. These studies are integrated assessments of the impacts of combined air quality and climate change factors on health, vegetation and ecosystems, and provide estimates of the benefits of implementing different mitigation action in the sector responsible for emissions.

The transport sector, particularly in the main conurbations, was selected early on as one of the priority targets for emissions mitigation (Molina and Molina, 2006). Action has been taken to improve mobility in Mexico City and reduce ozone (O_3) and particulate (PM) levels and their climate impacts. Mexico is now pursuing urban electric mobility as a critical next step, which, combined with more stringent energy efficiency, will strengthen the commitment to BC mitigation. Energy efficiency, indoor health impacts, air quality and climate change mitigation, as well as meeting the main BC targets of the NDC, are also being addressed together through updating multiple technologies used for household heating, cooling and cooking and introducing less polluting fuels.

Mexico's second-generation national planning document, which will be released in late 2019, identifies a number of new actions which will help the country achieve multiple benefits while meeting its mitigation commitments (CCAC-INECC, 2019). Included are specific recommendations to address emissions from the sugar cane industry, which is the third highest energy-using sector in Mexico and a large contributor of BC emissions, mainly from the combustion of bagasse[10] and fuel-oil. Scenarios to estimate which specific mitigation measures provide the greatest co-benefits were developed based on recommendations from five studies either prepared or commissioned by the federal government [CONUEE/ CRE/ GTZ, 2009], [INECC-BID, 2012], [CRUZADO, 2017], [CONUEE/ EUEI PDF/ GIZ, 2018] or developed in academia [Rojas, 2014]. These measures include the following:

1. Installing control systems to reduce particle emissions. Installing 90 per cent efficient particle filters gradually—in 40 per cent of plants by 2020 and 60 per cent by 2025.

2. Improving energy efficiency by processing bagasse before combustion through drying it to lower its moisture content from the current 50 per cent to either 41 or 35 per cent.

3. Improving efficiency in energy generation by increasing vapour pressure in combustion chambers to either 42 or 65 bar.

Different combinations of filters, reductions in moisture content and pressure levels resulted in nine specific measures being evaluated. This identified that the optimal combination of measures to minimize BC emissions involves introducing particle filters, reducing the moisture content of bagasse to 41 per cent and increasing vapour pressure to 65 bar in the on-site power generation plants. Implementing these measures can reduce the sugar cane industry's BC emissions by 88 per cent by 2030.

These types of integrated assessments can provide insights into the best way to progress, but more research needs to be done into the actual barriers

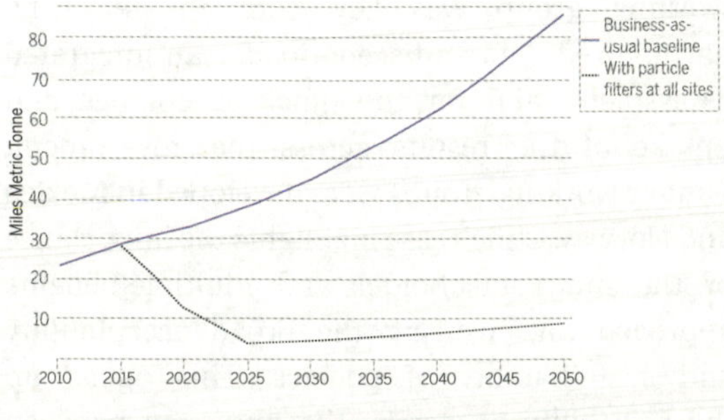

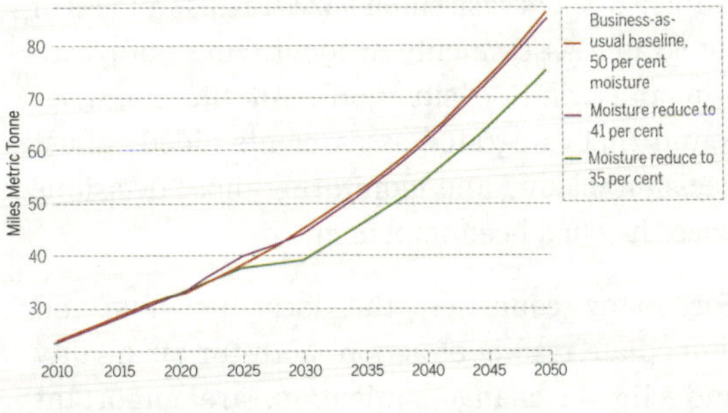

Figure 4.7: Reductions in sugar industry BC emission by introducing particle filters at all sites by 2030 (left) and by lowering the moisture content in bagasse from 50 to 41 and 35 per cent (right), 2010–2051
Source: LEAP-IBC-Mexico .

10. residue that remains after sugarcane stalks have been crushed to extract their juice

to implementation and estimates of economic benefits would provide more concrete incentives to industry to transition and implement the identified measures.

4.3 Conclusions and implications

These case studies show that a growing number of countries see integrated co-governance of climate, air pollution and development as a key strategy for achieving their domestic development agendas while simultaneously meeting international commitments to sustainable development and the mitigation of climate change. While the countries are at different levels of economic development, have different internal objectives and have taken different paths to integrated co-governance, there are similarities in their experience and good practice that can be drawn on.

Each of the countries carried out integrated assessments of policies or measures, using a variety of tools and methodologies, to help them to assess the co-benefits for climate change mitigation, health, socio-economic development and delivering the SDGs. To ensure coordinated action delivers the maximum benefit and reduces the risk of policy failure, integrated assessments of all air pollutant and greenhouse gas emissions are needed. Both Ghana and Mexico state that the integrated assessment of SLCPs and greenhouse gases enabled to them to reduce co-emissions while Norway's case emphasizes the usefulness of integrated assessments in identifying both win-win and win-lose situations. All the countries found that integrated assessments aided robust decision making and monitoring those decisions once they had been implemented.

For many countries, the local benefits and immediate results of action, both for air quality and climate change mitigation, are important development concerns and are a key ingredient for developing greater ambitions for emissions reductions. Quantifying impacts on public health are a key driver for action in all cases, even in countries such as Finland which have relatively low air pollution emissions. Highlighting the distributional impacts of action, particularly the burden on socio-economically vulnerable populations, was a key conclusion in the UK.

Specific local or regional vulnerabilities to emissions can play an important role in policy making and can be a driver for integrated action. For both Finland and Norway, the vulnerability of the Arctic region to BC and other emissions is a crucial driver of coordinated climate mitigation and air pollution action.

Norway's study highlights the importance of assessing the impact of policies over multiple time scales. It found that measures addressing NO_x emissions cause short-term warming but provide health and environmental benefits. It shows that although near-term public health benefits are substantial incentives for action, the implications for climate change could help policy makers balance objectives to either enhance action in other areas to offset the impacts or chose alternative policies to achieve a better mix of positive results. In either case, the analysis can strengthen decision making and build policy makers' confidence that they are committing resources efficiently and effectively.

A number of cases highlight the importance of a cross or whole-of-government approach to achieve efficient and sustainable co-governance. In Ghana's case, the formation of a multi-sectoral working group was key both to delivering harmonized data and scenarios for an integrated assessment, and for the quick acceptance and uptake of the results across the government. Similar working groups were developed in Mexico and Norway. Chile's case highlights the importance of the multi-stakeholder and multiple-benefits approach for ensuring the broad acceptability and sustainability of policies. This opens up the possibility of closing the huge gap between analysis on paper and practical action.

These case studies also show that integrated assessments and co-governance approaches are powerful tools for developing cost effective and coherent policy decisions. This saves public money and increases the chance of success. By analyzing and tracking the impact of climate change mitigation and air pollution measures in an integrated way, the results identify win-win or win- lose solutions. It also identifies different benefits from mitigation. which can prevent poor decision making based on incomplete information and help build confidence and support for mitigation from the general public, business and policy makers; justify the allocation of financial, technical and human resources; and convince politicians of the need to move decisively and rapidly.

References:

CCAC-INECC. 2019. *Estrategias integradas en contaminates climáticos de vida corta para mejorar la calidad del aire y reducir el impacto al cambio climático*. Under review. Climate & Clean Air Coalit - Instituto Nacional de Ecología y Cambio Climático.

Climate Change Act. 2008, UK, Order 2019, 2050 Target Amendment. United Kingdom.

Defra. 2019. Clean Air Strategy 2019. Department for Environment, Food and Rural Affairs, United Kingdom.

Departamento de Estudios. 2018. *Principales aspectos legales del Impuesto Verde a las Fuentes Fijas*. Biblioteca del Congreso Nacional de Chile.

Directive 2008/50/EC of the European Parliament and of the Council of 21 May 2008 on ambient air quality and cleaner air for Europe *Official Journal of the European Union, L 152/1.*

Directive (EU) 2016/2284 of the European Parliament and of the Council of 14 December 2016 on the reduction of national emissions of certain atmospheric pollutants, amending Directive 2003/35/EC and repealing Directive 2001/81/EC. *Official Journal of the European Union, L 344/1.*

Hodnebrog, Ø., Aamaas, B., Berntsen, T.K., Fuglestvedt, J.S., Myjre, G., Samset, and B.H. and Søvde, A. 2013. *Klimaeffekt av norske utslipp av kortlevde klimadrivere*, CICERO report to the Norwegian Climate and Pollution Agency (KLIF).

Government of Chile. 2015. Intended Nationally Determined Contribution of Chile Towards the Climate Agreement of Paris 2015. United Nations Framework Convention on Climate Change.

Government of Ghana. 2015. Ghana's Intended Nationally Determined Contribution and accompanying explanatory note. United Nations Framework Convention on Climate Change.

Government of Ghana. 2018. National Action Plan to Mitigate Short-lived Climate Pollutants. Republic of Ghana.

Government of Mexico. 2013. National Climate Change Strategy. 10-20-40 Vision. Federal Government of Mexico.

Government of Mexico. 2015. Intended Nationally Determined Contribution. United Nations Framework Convention on Climate Change.

Government of Norway. 2019. Talanoa-dialogue Norway. United Nations Framework Convention on Climate Change.

INECC. 2013. *Apoyo a la Iniciativa de Planificación Nacional sobre Contaminantes Climáticos de Vida Corta en México*. Molina Center for Energy and the Environment - Instituto Nacional de Ecología y Cambio Climático. (MCE2 – INECC). Mexico City, Mexico.

Karvosenoja, N. 2008. *Emission scenario model for regional air pollution*. Monographs of the Boreal Environment Research 32.

Karvosenoja N., Savolahti M., Lanki T., Salonen R. and Tiittanen. Luku Vaikutukset ilmanlaatuun. Raportissa: Soimakallio S., Hildén M., Lanki T., Eskelinen H., Karvosenoja N., Kuusipalo H., Lepistö A., Mattila T., Mela H., Nissinen A., Ristimäki M., Rehunen A., Repo A., Salonen R., Savolahti M., Seppälä J., Tiittanen P., Virtanen S. 2017. *Energia- ja ilmastostrategian ja keskipitkän aikavälin ilmastopolitiikan suunnitelman ympäristövaikutusten arviointi* (Environmental impact assessment of the Energy and Climate strategy and Medium-term Climate Change Policy Plan). *Valtioneuvoston selvitys ja tutkimustoiminnan julkaisusarja 59/2017.*

MEST of Ghana. 2012. Ghana National Climate Change Policy. Ministry of Environment, Science and Technology, Republic of Ghana.

Ministry of Environment of Chile. 2014. Planes de Descontaminación Atmosférica Estrategia 2014–2018.

Ministry of Economic Affairs and Employment of Finland. 2017. *Government Report on the National Energy and Climate Strategy for 2030.*

Ministry of Environment of Finland. 2017. *Government Report on Medium-term Climate Change Plan for 2030 – Towards Climate-Smart Day-to-Day Living.*

Mugica-Alvarez, V., Santiago-de la Rosa, N., Figueroa-Lara, J., Flores-Rodríguez, J., Torres-Rodríguez, M. and Magaña-Reyes, M. 2015. Emissions of PAHs derived from sugarcane burning and processing in Chiapas and Morelos México. *Science of the Total Environment.* DOI 10.1016/j.scitotenv.2015.04.089.

Norwegian Environment Agency. 2013. Proposed Action Plan for Norwegian emissions of short-lived climate pollutants. M98/2013.

Norwegian MTC. 2017. Meld. St. 33 (2016–2017) Report to the Storting (white paper), National Transport Plan 2018–2029. Norwegian Ministry of Transport and Communications.

Schreier, M., Mannstein, H., Eyring, V. and Bovensmann, H. 2007. Global ship track distribution and radiative forcing from 1 year of AATSR data. *Geophysical Research Letters* 34:17. https://doi.org/10.1029/2007GL030664.

Williams, M.L. 2012. Tackling climate change: what is the impact on air pollution? *Carbon Management* 3:5, pp. 511-519.

Williams, M.L., Lott, M.C.L., Kitwiroon, N., Dajnak, D., Walton, H., Holland, M., Pye, S., Fecht, D., Toledano, M.B. and Beevers, S.D. 2018. The Lancet Countdown on health benefits from the United Kingdom Climate Change Act: a modelling study for Great Britain. *The Lancet Planetary Health* 2(5), pp. E202-E213.

UK CCC. 2019. *Net Zero: The UK's contribution on stopping global warming*. UK Committee on Climate Change.

UK Climate Change Act. 2008. Part 1.1 The target for 2050.

Chapter 5 Conclusion and policy recommendations

5.1 Conclusion

Climate change and air pollution are two of the greatest environmental challenges of our time. Decades of scientific evidence has established a strong case that climate change and environmental pollution are inexorably connected. Many air pollutants have impacts on the climate, and they are often emitted from the same sources as greenhouse gases, such as CO_2. This link provides an opportunity to design policies and actions that mitigate climate change and reduce air pollution simultaneously, which increases benefits and minimizes costs. The efficiencies achieved through co-governance can increase policy acceptability, policy coherence, sustainability, and spur greater mitigation ambition.

Despite the clear benefits of co-governance, governments have historically managed environmental pollution and climate change separately. The case studies presented in this report, however, show that a growing number of countries see integrated co-governance of climate, air pollution and development as a key strategy to achieve their domestic agendas while simultaneously meeting international sustainable development and climate commitments.

By developing policies, institutions and management methodologies that support co-governance, China has made significant progress towards achieving its environmental and development targets, including capping energy consumption, expanding non-fossil fuel energy development, addressing per person carbon emissions and improving air quality, although challenges still remain. China has demonstrated that climate change and air pollution co-governance can be accomplished (Chapter 2) by setting national targets, creating collaborative decision-making mechanisms across related government ministries like climate and the environment, and implementing best-fit policies by considering regional and sectoral differences.

The international cases from Chile, Finland, Norway, Mexico, Ghana, and the UK show that environmental and climate co-governance is also advancing rapidly all over the world, and in countries at every stage of economic development. These examples indicate that this is an iterative process and that there are multiple paths to realizing the objectives of climate, environmental and development co-governance.

The examples presented in this report represent a small sample of the great wealth of experience and energy being put into developing and deploying integrated co-governance approaches around the world. While examples like these are increasing in frequency, they are still not an international norm. Succeeding at meeting our common goals for the climate, environment and sustainable development requires that we continue to build on these examples to unlock greater ambition for mitigation in all sectors.

5.2 Policy recommendations for China

1. Embed a medium to long-term co-governance strategy in the 14th Five-Year Plan

China will formulate a medium to long-term co-governance strategy to achieve its Nationally Determined Contributions (NDCs) while addressing domestic targets. Such a strategy is in line with the national targets set by the 19th National Congress, which developed the *Beautiful China Blueprint* for a "*rich, strong, democratic, culturally advanced and harmonious country*". This long-term two-step strategy proposes that the ecological environment will be fundamentally improved and the goal of building a Beautiful China will be basically attained by 2035, with new heights of ecological advancement reached by 2050 (IEA, 2019).

Specifically, before 2035, China will focus on maximizing domestic environmental benefits, as reducing air pollution concentrations, through policies that simultaneously promote climate change governance for the Paris Agreement target. China should make efforts to decouple economic growth from carbon and air pollution emissions by accelerating the adoption of low- and zero-carbon energy, and the process to reach peak carbon emissions as soon as possible.

After 2035, China's strategy shifts its focus towards international climate change governance and the phase-out of fossil energy. The strategy aims to achieve the *Beautiful China Blueprint* through deep decarbonization in line with the global goals for climate action. Based on this strategy of targeting key sectors and developing key technologies, China can identify problems and achievable developmental goals in different stages.

2. Expand the coal cap programme, achieve early peaking of carbon emissions in coastal provinces and cities and encourage deep decarbonization in energy intensive sectors.

The 14th Five-Year Plan Period (2021–2025) is critical for revolutionary transformation of energy systems needed for sustainable development and for fulfillment of air pollution and greenhouse gas reduction goals. This will be brought about in two ways. The first is to dramatically improve energy efficiency and economic output to slow down the growth in energy demand while ensuring economic growth; the second is to develop new and renewable energy sources like hydropower, wind, solar, biomass and nuclear energy; optimize the mix of energy resources; and limit CO_2 emissions by reducing the proportion of fossil energy sources, while ensuring the energy supply. It is also necessary to control total energy consumption, especially by strengthening the cap on coal consumption. Carbon pricing should be used to promote energy conservation and incentivize investment in low carbon technologies.

China is actively preparing its 14th FYP and setting targets for sustainable development from 2021 to 2025. Introducing more ambitious climate and environmental targets and accelerating the energy transition is important for the period. The new plan should consider expanding the current coal-cap programme from the most polluted regions to a much wider geographical area and eventually to the whole country; accelerating the transformation of energy systems and the earlier peaking of carbon emissions in the coastal provinces and cities as well as for energy intensive industries.

3. Accelerate development of China's national carbon market and expand coverage to all major emitting sectors

The government should establish a carbon pricing mechanism and further improve the national carbon market. China established carbon market pilot projects in seven provinces and municipalities in 2011. A national carbon market was officially launched in December 2017, but it only covers the fossil-fuel based power generation industry. The national carbon market should gradually expand in a stepwise process to other sectors, including the chemical, petrochemical, iron and steel, non-ferrous metals, building materials, paper and aviation industries.

4. Strengthen the Ministry of Ecology and Environment's capacity to support co-governance

The newly established Ministry of Ecology and Environment (MEE) is now responsible for combating climate change, taking over the responsibility from the National Development and Reform Commission (NRDC). The restructuring provides a great opportunity to integrate monitoring of climate change and air pollutantion and improve co-governance on environment and climate change, taking advantage of the MEE's network of environmental monitoring and data reporting.

The MEE should consider adding CO_2, CH_4 and other greenhouse gases into their inventory and pollutant monitoring system, establishing an open database for air pollution and climate change for public participation. The MEE should promote technological innovations for precise measurements of air pollutants through comparisons between traditional inventory methods and point-source measurements through cross-validation between meteorological retrieval of atmospheric measurements and ground-level measurements.

5. Promote co-governance in the Green Belt and Road Initiative

Building the Belt and Road Initiative (BRI) should strengthen co-governance approach with high environment standards. Green Investment Principles for the BRI should be followed as norms, and investor responsibility should be emphasized.

Meanwhile, the Chinese government should strengthen the supervision of overseas investment projects to prevent environmental and climate impacts, especially stopping investment in coal-fired power plants. Through international cooperation, China should actively promote capacity building in Belt and Road countries to prevent climate and environmental risks. Responding to demands for poverty elimination and development along the Belt and Road, China could offer systematic solutions for capital, technology and planning.

5.3 Recommendations for the world

1. Governments should continue to explore and implement co-governance approaches to harmonize climate and environmental policy

Now, more than ever, harmonized co-governance approaches that work to achieve multiple benefits are needed to meet the climate, environmental and development challenges of our time. The Intergovernmental Panel on Climate Change (IPCC) *Global Warming of 1.5°C* report stated that achieving the goals of the Paris Agreement "*involves inclusive processes, institutional integration, adequate finance and technology, and issues of power, values, and inequalities to maximize the benefits of pursuing climate stabilization at 1.5°C and the goals of sustainable development at multiple scales of human and natural systems from global, regional, national to local and community levels*" (IPCC, 2018). As the case studies in this report show, many governments are actively exploring options for co-governance; this should continue and be expanded.

Countries should integrate their air pollution and greenhouse gas inventories and modelling so that the impact of climate and air quality activities can be more easily assessed. Governments can also collaborate with one another to share good practices, tools and experience. There are formal conventions and UN mandates through which this can be pursued: at the UN Environment Assembly, World Health Assembly, the UN Framework Convention on Climate Change (UNFCCC), just to mention some. There are regional conventions and voluntary partnerships, including the Climate & Clean Air Coalition; those involving local governments and city leaders, like C40 Cities and Local Governments for Sustainability (ICLEI), and global campaigns like BreatheLife to raise awareness for policy and behaviour change. These are all examples of organizations and initiatives that support co-governance and information sharing. Governments could also collaborate through their international aid programmes and bilateral or multilateral agreements.

The process of developing and submitting national mitigation pledges through NDCs to the Paris Agreement presents a significant near-term opportunity for national governments to promote co-governance. To enhance the ambitions of the next round of NDCs, it would be beneficial if countries employ comprehensive strategies to assess the multiple-impacts and benefits of climate change mitigation and adaptation policies. This can help countries unlock the political motivation needed to achieve the Paris Agreement.

2. International and regional organizations and agencies should share good practice and tools among nations and regions

International and regional cooperation is a critical enabler for countries to strengthen their capacity for co-governance. International and regional institutions and agencies should work to support and communicate examples of good practice of integrated policy in co-governance, and support capacity-building at all levels of government including through the development and application of integrated tools. Collaborative platforms can help governments identify co-governance strategies that work best for their circumstances.

Climate and development finance institutions need to play a bigger role by assessing and reporting on the multiple benefits of financed projects and establishing funds that support projects designed to achieve multiple benefits. Financial institutions can build multiple-benefits indicators into their evaluation criteria for new projects and require funded projects to evaluate and report on more than one benefit. For example, in 2013 the Green Climate Fund (GCF) proposed that funded mitigation projects report on at least one co-benefit beyond tonnes of greenhouse gas emissions reduced (GCF, 2013). By requiring projects to report on expected climate and public health benefits from the co-control of air pollutants, the GCF would incentivize the application of tools and methodologies that support integrated co-governance approaches at a local level.

3. Integrated assessments of climate and air quality strategies should become common practice to support robust and harmonized policymaking

Integrated assessments can be powerful tools that provide decision makers with the information needed to understand, compare and communicate the impacts of their action on global temperature and air quality over time. This is an important first step to effective co-governance and can help governments harmonize climate and air quality policies and identify strategies that can maximize health improvements and other key local development priorities, while at the same time significantly reducing greenhouse gas emissions and reducing the rate of warming in the near and long-term.

Integrated assessment tools, such as the Long-range Energy Alternatives Planning Integrated Benefits Calculator (LEAP-IBC) (Kuylenstierna et al., 2017) which was used to support the integrated planning in Chile, Ghana and Mexico (Chapter 4) and the multiple-benefits pathway framework (CCAC, 2019), developed by the Chile, Ghana and Mexico (Chapter 4), are among many that can help countries conduct integrated assessments to support robust policy making.

References:

CCAC. 2019. Multiple Benefits Pathway Framework. Climate & Clean Air Coalition. https://www.ccacoalition.org/en/content/multiple-benefits-pathway-framework (accessed 5 September 2019).

IEA. 2019. *China power system transformation – assessing the benefit of optimized operations and advanced flexibility options.* International Energy Agency.

IPCC. 2018. *Global Warming of 1.5° C.* Intergovernmental Panel on Climate Change. https://www.ipcc.ch/sr15/ (accessed 5 September 2019).

GCF. 2013. *Business Model Framework: Objectives, Results and Performance Indicators.* Green Climate Fund. https://www.greenclimate.fund/documents/20182/24934/GCF_B.04_03_-_Business_Model_Framework__Objectives__Results__and_Performance_Indicators.pdf/961512a9-1ba3-4023-a5e4-2aa4e48054bb (accessed 5 September 2019).

Kuylenstierna, J.C.I., Heaps, C., Malley, C.M., Vallack, H.W. and Hicks, W.K. 2017. *The Long-range Energy Alternatives Planning – Integrated Benefits Calculator (LEAP-IBC).* Factsheet. Stockholm Environment Institute. https://www.sei.org/mediamanager/documents/Publications/SEI-Factsheet-LEAP-IBC-2.pdf (accessed 5 September 2019).

Abbreviations and units of measure

Abbreviations

BC	black carbon
BEV	battery electric vehicles
BRI	Belt and Road Initiative
BTH	Beijing-Tianjin-Hebei region
CCA	Climate Change Act (UK)
CCAC	Climate & Clean Air Coalition
CCP	The Chinese Communist Party
CEC	China Electricity Council
CH_4	methane
CHP	combined heat and power
CNG	compressed natural gas
CO	carbon monoxide
CO_2	carbon dioxide
CO_{2eq}	carbon dioxide equivalent
EIA	environmental impact assessment
EU	European Union
EU-ETS	EU's Emissions Trading Scheme
FRES	Finnish Regional Emission Scenarios
FYP	National Five-Year Plan of for Economical and Socia Development, China
GCF	Global Climate Fund
GDP	gross domestic product
GHG	greenhouse gas
HFC	hydrofluorocarbon
ICCSD	Institute of Climate Change and Sustainable Development (Tsinghua University, China)
ICLEI	Local Governments for Sustainability
IEA	International Energy Agency
IIASA	International Institute for Applied System Analysis
IMF	International Monetary Fund
INDC	Intended Nationally Determined Contributions to the Paris Agreement (within the United Nations Framework Convention on Climate Change)
INECC	National planning report (Mexico)
IPCC	Intergovernmental Panel on Climate Change
LEAP-IBC	Long-range Energy Alternatives Planning (LEAP) – Integrated Benefits Calculator (IBC)

LPG	liquefied petroleum gas
MEE	Ministry of Ecology and Environment (China)
MEP	Ministry of Environmental Protection (China)
MoF	Ministry of Finance (China)
MOHURD	Ministry of Housing and Urban-Rural Development (China)
MIIT	Ministry of Industry and Information Technology (China)
NAPCP	Finnish National Air Pollution Control Programme
NCCP	National Climate Change Policy (Ghana)
NCCCP	National Congress of the Chinese Communist Party
NDC	Nationally Determined Contributions to the Paris Agreement (within the United Nations Framework Convention on Climate Change)
NDRC	National Development and Reform Commission (China)
NEA	National Energy Administration (China)
NEC	National Emissions Ceiling
NECD	EU's National Emissions Ceilings Directive
NH_3	ammonia
NIR4	The 4th National Inventory Report (Ghana)
NMVOCs	non-methane volatile organic compounds
NO	nitrogen monoxide
N_2O	nitrous oxide
NO_2	nitrogen dioxide
NO_X	nitrogen oxides
O_3	ozone
OC	organic carbon
OECD	Organisation for Economic Co-operation and Development
PAM	policy and measures
pb	lead
PFCs	perfluorocarbons
PHEV	plug-in hybrid electric vehicles
PM	particulate matter
$PM_{2.5}$	particulate matter with an aerodynamic diameter equal to or less than 2.5 μm
PM_{10}	particulate matter with an aerodynamic diameter equal to or less than 10 μm
ppm	parts per million
R&D	research and development
RMB	renminbi
SCPRC	State Council of the People's Republic of China
SDG	Sustainable Development Goals
SF_6	sulphur hexafluoride
SLCF	short-lived climate forcer
SLCP	short-lived climate pollutants
SO_2	sulphur dioxide
SYKE	The Finnish Environment Institute
TSP	total particulate matter

NAPCP	Finnish National Air Pollution Control Programme
UK	United Kingdom of Great Britain and Northern Ireland
UK CCC	UK Climate Change Committee
UN	United Nations
UNECE	United Nations Economic Commission for Europe
UNEP	United Nations Environment Programme
UNFCCC	United Nations Framework Convention on Climate Change
VOCs	volatile organic compounds
WHO	World Health Organization
WMO	World Meteorological Organization

Units of measure

C	centigrade
gce	gram of coal equivalent
GW	gigawatts
kg	kilogram
kgce	kilogram of coal equivalent
kt	kilotonne (1,000 tonnes)
kW	kilowatt (1,000 watts)
kWh	kilowatt hour
m	metre
m^2	square metre
m^3	cubic metre
mg	milligram
mt	million tonnes
Mtce	million tonnes of carbon equivalent
Mtoe	million tonnes of oil equivalent
MW	megawatts (a million (10^6) watts)
t	tonne
tce	tonnes of coal equivalent
toe	tonnes of oil equivalent
TW	terawatt (one million million (10^{12}) watts)
TWh	terawatt hour(s)
μg	microgram (one millionth of a gram)
μm	micrometer (one millionth of a metre)

Glossary

Air Pollution Prevention and Control Action Plan

The Action Plan of Air Pollution Prevention and Control, also known as the Ten Articles of the Air Quality, was formally released in 2013 against the backdrop of pressing air pollution in China. The plan lays out the roadmap for air pollution control by setting concrete pollutant reduction targets in 2017 and 2020 with a focus on three key regions, the Beijing-Tianjin-Hebei region, the Yangtze River Delta (YRD) and the Pearl River Delta (PRD). The Action Plan is the first plan at the national level that sets air quality targets for China.

Air Pollution Prevention and Control Law

The Air Pollution Prevention and Control Law of the People's Republic of China was passed in 1988 and amended in 1995, 2000, 2015 and 2018. The Law aims to protect and improve the environment, prevent and control air pollution, safeguard public health, promote the construction of ecological civilization and promote sustainable economic and social development. The Law went through a major revision in 2015 with strengthened rules and standards for air pollution control.

Black carbon

Operationally defined aerosol species based on measurement of light absorption and chemical reactivity and/or thermal stability. It is sometimes referred to as soot. Black carbon (BC) is mostly formed by the incomplete combustion of fossil fuels, biofuels and biomass but it also occurs naturally. It stays in the atmosphere only for days or weeks. It is the most strongly light-absorbing component of particulate matter (PM) and has a warming effect by absorbing heat into the atmosphere and reducing the albedo when deposited on snow or ice.

Carbon dioxide equivalent (CO_{2e})

A way of placing emissions of various radiative forcing agents on a common footing by accounting for their effect on climate. It describes, for a given mixture and amount of greenhouse gases, the amount of CO_2 that would have the same global warming ability, when measured over a specified time period. For the purpose of this report, greenhouse gas emissions (unless otherwise specified) are the sum of the basket of greenhouse gases listed in Annex A to the Kyoto Protocol, expressed as CO_{2e} assuming a 100-year global warming potential.

Co-benefits

The positive effects that a policy or measure aimed at one objective might have on other objectives, without yet evaluating the net effect on overall social welfare. Co-benefits are often subject to uncertainty and depend on, among others, local circumstances and implementation practices. Co-benefits are often referred to as ancillary benefits.

Energy Conservation Law

The Energy Conservation Law of the People's Republic of China was adopted in 1997 and amended in 2007, 2016 and 2018. The Law aims to promote energy conservation, improve energy efficiency, protect and improve the environment and promote comprehensive, coordinated and sustainable development of the economy and society. This Law includes general provisions on energy conservation, stipulates energy conservation requirements for industries, transportation, buildings, public institutions and key energy-using entities, encourages energy-saving technological advancement and defines incentives and related legal responsibilities for energy conservation.

Greenhouse gases

The atmospheric gases responsible for causing global warming and climatic change. The major greenhouse gases are carbon dioxide (CO_2), methane (CH_4) and nitrous oxide (N_2O). Less prevalent, but very powerful, greenhouse gases are hydrofluorocarbons (HFCs), perfluorocarbons (PFCs) and Sulphur hexafluoride (SF_6).

Governance

A comprehensive and inclusive concept of the full range of means for deciding, managing, implementing and monitoring policies and measures. Whereas government is defined strictly in terms of the nation-state, the more inclusive concept of governance recognizes the contributions of various levels of government (global, international, regional, sub-national and local) and the contributing roles of the private sector, of nongovernmental actors, and of civil society to addressing the many types of issues facing the global community.

Intended Nationally Determined Contribution

Intended Nationally Determined Contributions (INDCs) are submissions from countries describing the national actions it intends to take to reach the Paris Agreement's long-term temperature goal of limiting warming to well below 2°C. Once a country has ratified the Paris Agreement, its INDC is automatically converted to its NDC (see below), unless it chooses to further update it.

Nationally Determined Contribution

Nationally Determined Contributions (NDCs) are submissions by countries that have ratified the Paris Agreement which presents their national efforts to reach the Paris Agreement's long-term temperature goal of limiting warming to well below 2°C. New or updated NDCs are to be submitted in 2020 and every five years thereafter. NDCs thus represent a country's current ambition/target for reducing emissions nationally.

Paris Agreement

The Paris Agreement under the United Nations Framework Convention on Climate Change (UNFCCC) was adopted on December 2015 in Paris, France, at the 21st session of the Conference of the Parties (COP) to the UNFCCC. The agreement, adopted by 196 Parties to the UNFCCC, entered into force on 4 November 2016 and as of May 2018 had 195 Signatories and had been ratified by 177 Parties. One of the goals of the Paris Agreement is "*holding the increase in the global average temperature to well below 2°C above pre-industrial levels and pursuing efforts to limit the temperature increase to 1.5°C above pre-industrial levels*", recognizing that this would significantly reduce the risks and impacts of climate change. Additionally, the Agreement aims to strengthen the ability of countries to deal with the impacts of climate change. The Paris Agreement is intended to become fully effective in 2020.

Renewable Energy Law

The Renewable Energy Law of the People's Republic of China is formulated to promote the development and utilization of renewable energy, increase energy supply, improve energy structure, ensure energy security, protect the environment and achieve sustainable economic and social development. The Law was adopted in 2005 and revised in 2009. The Law clearly lists the development and utilization of renewable energy as a priority of energy development and promotes the establishment and development of renewable energy market by setting total targets of renewable energy development and taking corresponding measures.

Sponge city

Sponge cities are also called water-resilient cities. The term refers to city that has the capacity to mainstream urban water management into urban planning policies and designs. A sponge city should have the appropriate planning and legal frameworks and tools in place to implement, maintain and adapt the infrastructure systems to collect, store and treat (excess) rainwater. A sponge city not only deals with the problem of "too much water," but also reuses rain water to help mitigate the problems of "too little" or "too dirty" water.

Sustainable Development Goals

The 2030 Agenda for Sustainable Development, adopted by all United Nations Member States in 2015, provides a shared blueprint for peace and prosperity for people and the planet, now and into the future. At its heart are the 17 Sustainable Development Goals (SDGs), which are an urgent call for action by all countries — developed and developing—in a global partnership. The SDGs recognize that ending poverty and other deprivation must go hand-in-hand with strategies that improve health and education, reduce inequality and spur economic growth - all while tackling climate change and working to preserve our oceans and forests.

The National Five-Year Plan for Economic and Social Development

The National Five-Year Plan (FYP) sets out overall goals for social and economic development for the following five years in China. The central government released the first national FYP in 1953, and recently released its 13th FYP. The formulation of each five-year plan usually takes more than two years. During the initial research stage, the National Development and Reform Commission (NDRC) raises important issues, invites public bidding from the whole of society, directly commissions research, as well as conducts internal research within the NDRC. The research phase involves thousands of experts and researchers who conduct research on hundreds of topics relevant to the FYP. Following the research stage, the FYP goes through stages of idea formation, drafting, the formation of special plans and solicitation of comments, until it is finalized and submitted to the National People's Congress for discussion and consideration.

United Nations Framework Convention on Climate Change

The United Nations Framework Convention on Climate Change (UNFCCC) was adopted in May 1992 and opened for signature at the 1992 Earth Summit in Rio de Janeiro, Brazil. It entered into force in March 1994 and as of May 2018 had 197 Parties (196 states and the European Union). The UNFCCC's ultimate objective is the "stabilization of greenhouse gas concentrations in the atmosphere at a level that would prevent dangerous anthropogenic interference with the climate system". The provisions of the Convention are pursued and implemented by two treaties: the Kyoto Protocol and the Paris Agreement.